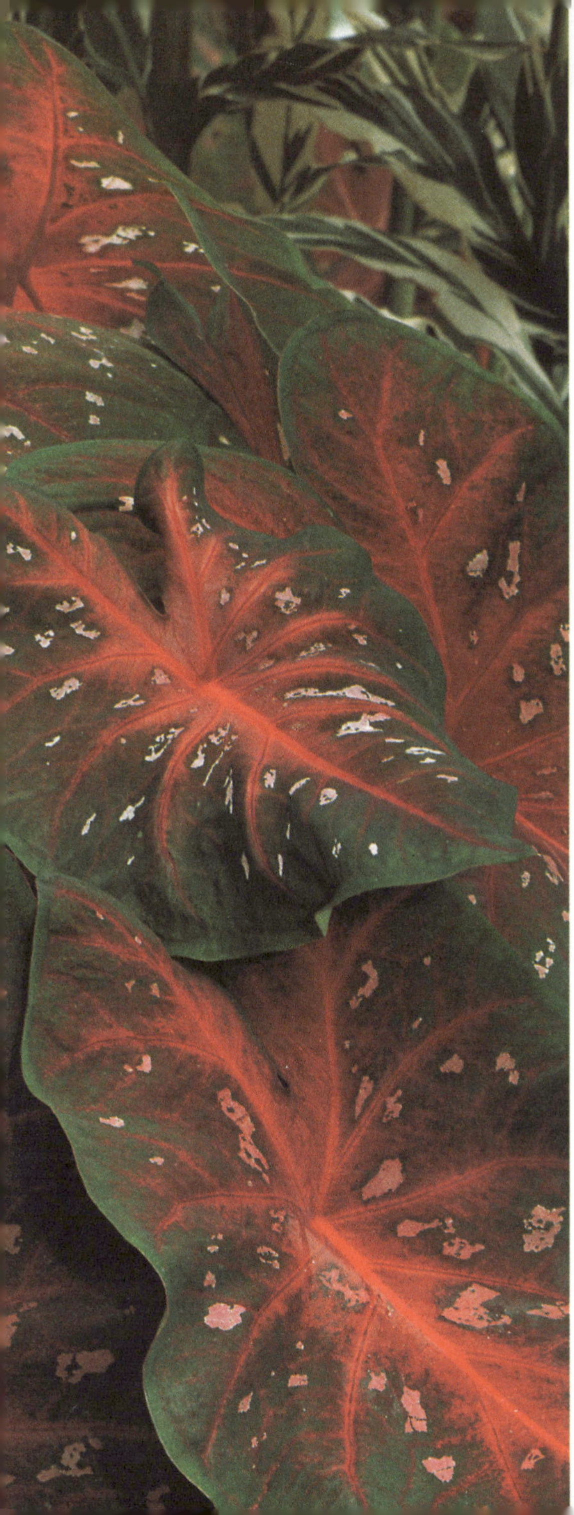

W0095941

# Grünpflanzen fürs Zimmer

Christine Recht

# Grünpflanzen fürs Zimmer

So gedeihen sie am besten

Expertenrat für Kauf, Standort,
Pflege und Vermehrung
Mit Grünteil

Farbfotos von Max F. Wetterwald,
Jürgen Stork und anderen
Pflanzenfotografen
Zeichnungen von Ushie Dorner

# Inhalt

*Dekorativ am Nordfenster: Hedera (Efeu) als Ampelpflanze.*

*Blattzeichnung einer Marante.*

*Zierlicher Kletterer: Ficus pumila.*

Schöne Grünpflanzen schmücken jede Wohnung, bringen uns ein Stückchen Natur ins Haus und machen auch den Arbeitsplatz gleich viel liebenswerter. Anders als Blütenpflanzen, bezaubern sie vor allem durch ihre attraktiven Blätter, weshalb sie auch als Blattpflanzen bezeichnet werden. Diese Blätter können je nach Art oder Sorte so groß wie ein Teller oder so klein wie ein Pfennig sein. Oft sind sie aufregend schön gefärbt, bizarr gemustert oder eigenartig geformt. Während sich Blütenpflanzen nur kurze Zeit in ihrer ganzen Pracht zeigen, sind Blattpflanzen verläßliche Gestaltungselemente, mit denen Sie rund ums Jahr rechnen können. Entsprechend zahlreich sind ihre Verwendungsmöglichkeiten. Jene Grünpflanzen, die mit den Jahren zu deckenhohen Zimmerbäumen heranwachsen, sind begehrte Blickfänge, andere, die klein bleiben, wirken in der Gruppe besonders dekorativ. Manche können als grüner Raumteiler oder lebendiger Vorhang eingesetzt werden. Welche Gestaltungsideen Sie auch haben, schön sehen die Grünpflanzen nur aus, wenn sie gut gepflegt sind. Dieser farbige GU Pflanzen-Ratgeber soll Ihnen dazu verhelfen, daß Sie an Ihren Grünpflanzen jahrelang Freude haben und daraus richtige Prachtstücke werden.

Christine Recht, eine erfahrene Pflanzen-Expertin, erklärt Schritt-für-Schritt worauf es bei der Pflege ankommt. Die präzisen Anleitungen für den Kauf und den richtigen Standort, fürs Düngen, Gießen, Umtopfen und Vermehren machen es auch Anfängern leicht, sich daheim oder am Arbeitsplatz mit viel Vergnügen »einzugrünen«. Informative Farbzeichnungen der wichtigen gärtnerischen Handgriffe runden die kompetenten Ratschläge der Autorin ab.

Da aber auch die liebevollste Pflege die Pflanzen nicht vor Schädlingen und Krankheiten bewahren kann, ist der Pflanzengesundheit ein ausführliches Kapitel gewidmet. Die Autorin erläutert dabei vor allem auch biologische Bekämpfungsmaßnahmen. Über 140 Farbbilder, exclusiv für dieses Buch fotografiert, zeigen Ihnen, wie dekorativ Grünpflanzen im Wohnzimmer, Flur, Bad, Wintergarten oder Büro aussehen können. Von »Asparagus bis Zimmerlinde« finden Sie brillante Farbfotos von über 100 beliebten, bewährten und ganz aktuellen Grünpflanzen mit individuellen Pflegeanleitungen. Im umfangreichen Grünteil werden von »Abmoosen bis Zisternenpflanze« über 170 Begriffe aus der Botanik und gärtnerischen Praxis erklärt und zum Teil durch Zeichnungen veranschaulicht. Es sind Begriffe, denen der Pflanzenliebhaber immer wieder begegnet.

So, und nun lassen Sie es in Ihren eigenen vier Wänden grünen! Viel Freude mit Grünpflanzen wünschen Ihnen Autorin und GU-Naturbuch-Redaktion.

Autorin und Verlag danken allen, die an diesem Buch mitgewirkt haben, insbesondere den Fotografen Max-Felix Wetterwald, Jürgen Stork und den anderen Pflanzenfotografen für ihre außergewöhnlich schönen Fotos sowie der Zeichnerin Ushie Dorner für ihre informativen Farbzeichnungen.

**Die Autorin**
**Christine Recht** ist Mitarbeiterin verschiedener Gartenfachzeitschriften und Autorin der erfolgreichen GU Pflanzen-Ratgeber. »Kübelpflanzen« und »Küchenkräuter selber ziehen am Fenster, auf dem Balkon und im Garten«.

*Ficus benjamina (Birkenfeige).* ▷
*Diese Pflanze möchte gerne sehr hell stehen. Ein Glasanbau, ein Panoramafenster sind gerade gut genug für sie.*

# Richtiger Standort und Pflanzenkauf

Beim Kauf einer Grünpflanze läßt man sich nur zu gerne von ihrer Schönheit verführen – aber hat man auch den richtigen Platz für sie? Viele Pflanzen haben ganz spezielle Bedürfnisse an Licht und Wärme – sind die nicht gegeben, kümmern sie. Prüfen Sie deshalb vor dem Kauf, ob Sie Ihrer Neuerwerbung auch den optimalen Platz anbieten können – so können Sie sich Enttäuschungen ersparen.

## Grünpflanze oder Blattpflanze?

Beides ist richtig und bezeichnet eine Auswahl von Pflanzen, die vor allem wegen ihrer schön geformten, gefärbten oder gezeichneten Blätter gekauft werden. Die geläufige Einteilung nach Blatt- und Blütenpflanzen erfolgt allein aus optischen Gründen und hat nichts mit Botanik zu tun. Botanisch gehören die meisten Grünpflanzen auch zu den Blütenpflanzen. Da sie aber alle aus warmen Ländern stammen und ihre Entwicklung im Topf begrenzt ist, blühen sie bei uns selten oder nie. Viele unter ihnen sind in ihrer Heimat große Bäume, bleiben aber im Topf und bei unserem Klima immer Jungpflanzen. Oder ihre Blüten sind so unauffällig und bescheiden, daß man sich lieber an ihren Blättern erfreut.

Grünpflanzen fallen also in erster Linie durch ihre Blätter auf, die je nach Art oder Sorte klein, groß, samtig oder ledern, glatt, narbig oder rauh sein können und sich in allen Grüntönen, ja sogar in Grün-Weiß und Grün-Bunt präsentieren. Häufig sind sie prachtvoll gemustert oder bizarr geformt.

Blattpflanzen gehören zur Grundausstattung jedes Zimmergartens. Sie sind Kulisse für das Farbenspiel der Blütenpflanzen und zählen zu den wichtigsten Gestaltungselementen in der Wohnung.

## Das Blatt – Schmuck und Erkennungsmerkmal

Vielen Pflanzen sieht man es bereits an, wie sie gepflegt werden möchten. Als Faustregel gilt:
- Pflanzen mit großen Blättern wünschen sich lichten Schatten.
- Pflanzen mit kleinen, weiß behaarten oder ledrigen Blättern lieben Sonne und viel Licht.
- Derbe, dicke Blätter, die graugrün bereift sind, sagen: Wir können mit längeren Trockenperioden und starker Lichtintensität fertig werden.
- Fleischige Blätter deuten auf Pflanzen hin, die Durstkünstler sind.
- Bunte Blätter gehören zu Pflanzen, die von Haus aus hohe Luftfeuchte und Schatten gewohnt sind, oder zu extra gezüchteten Varietäten, deren Muster verblaßt, wenn sie zu dunkel stehen.

## Licht – Lebenselixier für Pflanzen

Wie wichtig Licht für Pflanzen ist, können Sie schon daran erkennen: Fast jede Pflanze wendet ihre Blätter nach dem Licht – nur so kann sie soviel davon tanken, wie sie benötigt. Die Pflanze braucht das Tageslicht, um das aus der Luft aufgenommene Kohlendioxid in Nahrung umzuwandeln – man nennt das Assimilation. Während der Nacht verbraucht die Pflanze dann diese Nahrung, wandelt sie in Blatt und Wurzel, Blüte oder Frucht um. Dies ist die Dissimilation. Da Blattpflanzen bei uns in der Regel nicht blühen, kommen sie mit weniger Licht aus als blühende Pflanzen – aber dieses Wenig ist oft mehr, als man ihnen im Zimmer bieten kann.

## Natürliches Tageslicht

In der freien Natur bekommen Pflanzen das Licht oft von oben – also gleichmäßig. Im Zimmer kann man ihnen in den meisten Fällen nur das Licht bieten, das durchs Fenster, also nur aus einer Richtung kommt. Je lichthungriger eine Pflanze ist, desto heller muß sie stehen. Und die Helligkeit hängt nicht nur von der Himmelsrichtung eines Fensters ab, sondern auch davon, ob zwischen Pflanze und Fensterglas ein Vorhang hängt, wie nahe die Pflanze am Fenster steht und ob vor dem Fenster ein Baum, ein Balkonvorsprung oder das Nachbarhaus Schatten spenden. Ein freies Nordfenster kann unter Umständen erheblich heller sein als ein Südfenster unter einem Balkon. Prüfen Sie also unabhängig von der Himmelsrichtung, wie hell Ihre Fenster sind.

Südfenster sind meistens sehr hell, leider aber auch sehr heiß, wenn die Sonne auf das Glas brennt. Das verträgt vor allem im Sommer keine Pflanze, nicht mal die sonnenhungrigste. Während der Mittagszeit

*Grünpflanzen bestechen durch die Schönheit ihrer Blätter und ihrer Form. Blüten spielen keine Rolle.*

muß hier immer mit einer Jalousie, notfalls mit einem Blatt Papier, für Sonnenschutz gesorgt werden. Im Winter allerdings mögen viele Pflanzen die wenigen Sonnenstunden am Südfenster.

Ost- und Westfenster sind die idealen Blumenfenster. Die Sonne scheint hier nur am Morgen oder am Abend einige Stunden und ist dann nicht zu heiß. Die Lichtverhältnisse aber sind ausreichend.

Nordfenster bekommen kaum Sonne – im Winter leider oft auch zuwenig Licht. Hier gedeihen viele Pflanzen, die auch in der Natur im Schatten wachsen.

Im Raum stehen oft die großen Pflanzen. Stellen Sie sie so nah wie möglich an ein Fenster, besser noch so, daß sie von zwei Seiten – also von zwei Fenstern – Licht bekommen.

### Künstliches Licht

Wo das Tageslicht nicht ausreicht, kann man dennoch schöne Pflanzen halten – man muß ihnen mit Kunstlicht Verhältnisse wie in der Natur verschaffen. Es gibt spezielle Pflanzenleuchten als Röhrenlampen oder Punktleuchten. Diese Spezial-lampen sind recht teuer. Man kann sich durchaus auch mit normalen Leuchtstoffröhren in den Lichtfarben »Weiß« oder »Warmton« behelfen, nur müssen die Leuchten dann einen Reflektor haben, der das Licht direkt auf die Pflanzen wirft. Solche Leuchten sind zum Beispiel ange-bracht, wenn man mitten im Raum oder in einer dunklen Ecke eine schöne Pflanze aufstellen möchte.

### Die Temperatur

Im Sommer sind die Zimmertemperaturen für die meisten Grünpflanzen kein Problem. Im Raum ist es häufig etwas kühler als draußen, und das mögen sie. Wenn öfters gelüftet wird, gedeihen hier alle Pflanzen gut.

Im Winter wird die Heizung zum Problem. Die Heizkörper der Zentralheizung sind direkt unter den Fenstern angebracht, das heißt, die Pflanzen stehen am wärmsten Platz im Raum. Das macht den meisten sehr zu schaffen. Besser gedeihen Pflanzen in Räumen mit einem Einzelofen, am Fenster ist es dann nämlich einige Grade kühler. Pflanzen, die Wärme nicht vertragen, müssen während der Heizperiode ins Schlafzimmer oder in einen anderen kühlen Raum ausquartiert werden.

Nachts sollten Sie in einem Raum, in dem Pflanzen leben, die Temperatur um einige Grade absenken, dann entwickeln sie sich am besten. Denn nachts verwerten alle Pflanzen die tagsüber gespeicherten Nahrungsstoffe. Je wärmer es ist, desto gründlicher. Es kann in einem nachtwarmen Raum dann durchaus passieren, daß eine Pflanze mehr verwertet, als sie tagsüber aufnehmen kann – zumal im lichtarmen Winter. Die Pflanze wird schlapp und geht früher oder später ein.

»Kalte Füße« sind für viele Grünpflanzen geradezu Gift, vor allem, wenn sie in Hydrokultur gehalten werden. Das feuchte Substrat ist ohnehin kühl, wird es kalt, faulen die Wurzeln. Legen Sie deshalb unter empfindliche Pflanzen auf das Fensterbrett eine Holz- oder Styroporplatte – oder besser noch, füttern Sie den Topf in einen größeren Topf, gefüllt mit Blähton oder Styroporkügelchen, ein.

*Zimmerlinden kommen wieder in Mode. Achtung: In ihrer Nähe nicht rauchen.*

## Luftfeuchtigkeit

So wichtig wie Licht und Wärme ist auch die Luftfeuchtigkeit im Raum. Im Sommer reguliert sie sich von selbst, ist für die meisten Pflanzen ideal. Anders im Winter, wenn die Heizung die Luft austrocknet, dann wird es vielen Pflanzen schnell zu trocken. Der Grund: In trockener Luft verdunstet eine Pflanze sehr viel mehr Wasser durch die Blätter, als die Wurzeln nachliefern können. Die Folge: Die Pflanze schließt die Spaltöffnungen, durch die sie auch Kohlendioxid aus der Luft entnimmt. Sie geht an Nahrungsmangel zugrunde. Pflanzen mit weichen, großen Blättern brauchen in der Regel eine höhere Luftfeuchtigkeit als solche mit ledrigen, harten oder mit behaarten Blättern.

Mit einem Luftbefeuchter im Raum kann man fast allen Arten gute Bedingungen bieten. Ausnahmen sind nur Pflanzen, die lieber im geschlossenen Blumenfenster bei sehr hoher Luftfeuchtigkeit stehen. Eine Alternative: Man stellt die Pflanzen auf Gitter oder Blähton in wassergefüllte Schalen. So entsteht wenigstens rundherum ein Kleinklima mit ausreichender Luftfeuchtigkeit.

## Viel oder wenig Pflege?

Wer nicht viel Zeit hat, sich intensiv um seine Grünpflanzen zu kümmern, kann dennoch sein Zimmer in ein »Grünes Paradies« verwandeln: mit ausgesprochen pflegeleichten Pflanzen, die nicht täglich gegossen, gesprüht oder wöchentlich gedüngt werden müssen.

Das Angebot an »bequemen« Pflanzen, die auch nicht übelnehmen, wenn man mal vergißt, sie zu gießen, ist recht groß.

## Dekorative Standorte für dekorative Pflanzen

Die ganz Großen: Zimmerbäume werden immer beliebter. Wer genügend Platz hat, stellt sogar mehrere in einen Raum. Aber: Diese Pflanzen stehen im Raum, haben also von vornherein schlechtere Lichtbedingungen als die Pflanzen auf dem Fensterbrett. Stellen Sie die »Großen« in die Nähe eines Fensters, noch besser so, daß sie Licht von zwei Seiten bekommen – niemals aber in die »tote Ecke« zwischen zwei Fenstern. Auch als Flankierung einer Balkontür wirken große Zimmerbäume toll, und hier stimmt das Licht. Wenn eine zimmerhohe Pflanze unbedingt mitten im Raum stehen muß, dann möglichst so, daß sie noch Licht von einer reflektierenden weißen Wand bekommt.

Die ganz Kleinen: Das sind die »Minis«, die große Mode sind, und Zimmer-Bonsais. Minis wirken zwischen »normalen« Grünpflanzen verloren, am schönsten sind sie, wenn man mehrere zu einer Gruppe zusammenstellt. Bonsais dagegen müssen separat stehen, damit ihre Schönheit voll zur Geltung kommt.

**Mein Tip:** An einem normalen Fenster bekommen die Kleinen zuwenig Licht, sie stehen im Schatten der Fensterlaibung. Stellen Sie sie immer in Höhe des Fensterglases.

Die Buntblättrigen kann man in sehr dekorativen Gruppen zusammenstellen, zum Beispiel verschiedene Sorten einer Art mit unterschiedlichen Farben und Blattzeichnungen. Wichtig: Alle Buntblättrigen brauchen viel Licht, sonst vergrünen sie und werden unattraktiv.

Ampeln hängt man entweder direkt vors Fenster (etwa an die Vorhangstange) oder von der Decke herunter. Auch auf einer Pflanzensäule kommen sie sehr gut zur Geltung. Achten Sie darauf, daß die Ampeln genügend Licht haben und so hoch angebracht sind, daß Sie nicht mit dem Kopf anstoßen. Des weiteren ist die nach oben steigende Heizungswärme zu beachten. Hängen Sie deshalb nur Pflanzen hoch, die diese höhere Temperatur vertragen. Und noch etwas: Beim Lüften durch das gekippte Fenster zieht es, und das verträgt keine Pflanze. Hängen Sie deshalb an solche Fenster keine Ampelpflanzen.

## Es muß nicht immer das Wohnzimmer sein

Küche, Bad und Schlafzimmer sind heutzutage nicht mehr reine Zweckräume, auch hier hat man es gerne wohnlich. Eine ganze Anzahl von Pflanzen fühlt sich in diesen Räumen sehr wohl, und das nutzt man dazu, sie noch gemütlicher zu machen.

Im Badezimmer, wenn es nur hell genug ist, haben viele Farnarten, aber auch Zypergras und alle Pflanzen, die hohe Luftfeuchtigkeit brauchen, einen idealen Platz.

In der Küche ist es meistens warm, und die Luft ist feucht. Also fühlen sich auch hier Pflanzen mit hohem Wärme- und Feuchtigkeitsbedürfnis durchaus wohl, wobei man Pflanzen mit behaarten Blättern ausnehmen sollte: Die fettigen Bestandteile der Luft verkleben leicht ihre feinen Härchen.

Im Schlafzimmer schafft man sich einen nächtlichen Dschungel mit allen Pflanzen, die gerne kühl stehen. Gründliche Forschungen haben nachgewiesen, daß die geringen Mengen an Kohlendioxid, die die Pflanzen nachts abgeben, keinerlei gesundheitliche Beeinträchtigungen bewirken – der Sauerstoffgehalt der Luft wird nicht gesenkt.

## Der Pflanzenkauf

Pflanzen werden vielerorts zu unterschiedlichen Preisen angeboten. Im Blumenladen, im Fachgeschäft also, ist das Angebot an Grünpflanzen sehr groß. Hier bekommt man auch ausgefallenere Arten, und man kann Ihnen sogar besondere Exemplare besorgen. Die Preise sind oft höher als woanders, dafür werden Sie fachgerecht über Haltung und Pflege beraten und können sicher sein, daß die Pflanzen bis zum Verkauf gut gepflegt wurden. Im Supermarkt und im Kaufhaus sind die Pflanzen oft viel billiger als im Fachhandel, dafür müssen Sie sich aber um die Hinweise über Pflege und Haltung meist selbst kümmern. Im Versandhandel gibt es manchmal seltene Pflanzen, aber Sie können sich weder eine bestimmte Pflanze aussuchen noch feststellen, ob sie auch Ihren Ansprüchen entspricht. Außerdem werden die Pflanzen beim Transport unter Umständen beschädigt. Erkundigen Sie sich vor der Bestellung, ob eine Rücknahme möglich ist.

## Wann kaufen?

Grünpflanzen kann man das ganze Jahr über zu jedem beliebigen Termin kaufen. Nur eine Pflanze, die im Winter eine ausgesprochene Ruhezeit einhält, sollten Sie nicht unbedingt im Winter kaufen, auch wenn sie jetzt super aussieht. Im kühl-feuchten Gewächshaus wurde sie bei täglich 10 Stunden künstlicher Beleuchtung von ihrer Winterruhe abgehalten, unter Umständen wirft sie die Blätter ab, wenn sie bei Ihnen ins warme und trockene Zimmer kommt.

◁ *Ungewöhnliche Gestaltungsform. Ein großer Philodendron wurde auf einer Steinskulptur angesiedelt.*

## Pflanzen für sonnige Standorte

Südfenster und helle, sonnige Lagen lieben alle Pflanzen, die von ihrer tropischen, subtropischen oder mediterranen Heimat her Hitze, Trockenheit und viel Licht gewohnt sind, zum Beispiel Aeonium, Asparagus, Beaucarnea, Kroton, Keulenlilie, Dickblatt, Zypergras, sukkulente Euphorbien und Weihnachtsstern, Schraubenbaum, Blatt-Pelargonien, Zimmerbambus, Rotblatt, Yucca und andere. Für kleine Fenster sind folgende gut geeignet:
Aloe: Robuste Pflanze mit dicken Blättern.
Buntnessel (*Coleus-Blumei*-Hybriden): Farbenprächtige Pflanze, die sich leicht zurückschneiden und gut aus Samen vermehren läßt.
Echeveria: Hübsche, kleinbleibende Rosettenpflanze, die nur sehr wenig Wasser braucht.
Leuchterblume (*Ceropegia*): Ampelpflanze, mit der sich am Fenster richtige Vorhänge ziehen lassen.

## Gesunde Pflanzen kaufen

Schauen Sie die Pflanze, die Sie sich ausgesucht haben, genau an. Achten Sie auf:
● Dichten, buschigen Wuchs. Pflanzen mit langen, weichen Trieben standen zu lange im Dunkeln, sie erholen sich oft nicht wieder.
● Feste, gut gefärbte Blätter. Sind die Blattränder braun, die ganzen Blätter schlapp und blaß oder fallen gar ab, Finger weg von der Pflanze.
● Kräftige, harte Triebe. Sind sie weich, wurde die Pflanze zu schnell getrieben (auf Verkauf getrimmt). Eine ganze Anzahl von Grünpflanzen wird sich zwar bei guter Pflege schnell erholen – fast alle Kletterpflanzen gehören zu diesen Robusten –, aber eine Garantie haben Sie nicht.

## Pflanzen für schattige Standorte

Am Nordfenster, mitten im Raum oder an einem stark beschatteten Süd- oder Westfenster gedeihen Pflanzen, die in Berg- oder Regenwäldern im lichten Schatten größerer Bäume stehen. Dazu gehören vor allem die Farne, zum Beispiel Saumfarn, Schwertfarn oder Frauenhaarfarn. Weitere Schattenkünstler sind:
Bergpalme (*Chamaedorea*): Wird auch auf der Fensterbank nicht zu groß und braucht nur selten umgetopft zu werden.
Efeu (*Hedera*): Bildet fleißig Ranken wie unser heimischer Efeu und kann daher gut als Ampelpflanze genutzt werden.
Känguruhwein (*Cissus*): Eine dekorative Pflanze, mit der man Raumteilerwände beranken kann, wenn Licht aus einem gegenüberliegenden Fenster auf die Blätter fällt.

## Eingewöhnen

Werfen Sie nicht gleich die Flinte ins Korn, wenn die neugekaufte Pflanze zu Hause anfangs ein wenig traurig aussieht. Sie muß sich erst an das Klima in Ihrer Wohnung gewöhnen, auch an die veränderten Lichtverhältnisse. Bisher stand die Pflanze in einem Gewächshaus mit viel Licht von allen Seiten, hoher Luftfeuchtigkeit und optimalen Temperaturen bei Tag und Nacht.
Wenn die Pflanze in einem zu kleinen Topf steht, oder wenn das Substrat sehr naß ist, sollten Sie sie auf jeden Fall in einen größeren Topf und in das richtige Substrat setzen. Das verhilft ihr zu einem guten Start in ihrem neuen Heim.

# Töpfe und Substrate

Pflanzen, die im Zimmer stehen, müssen in Töpfen wachsen. Als Substrat steht ihnen nur das zur Verfügung, was in einem solchen Blumentopf Platz hat – anders als in der freien Natur, wo jede Pflanze sich aus der Erde die Nahrung holt, die sie braucht. Damit unsere Zimmerpflanzen dennoch nicht darben, müssen Topf und Substrat so optimal wie möglich, das heißt, den jeweiligen Bedürfnissen der Pflanze angepaßt sein.

## Das richtige Pflanzgefäß

Ob ein Blumentopf, eine Blumenschale oder gar ein Kübel groß genug ist, hängt von der Größe der Pflanze und von ihrer Bewurzelung ab. Pflanzen mit schnellwachsendem Wurzelwerk und üppigen Blättern brauchen in aller Regel größere Töpfe als Pflanzen, die nur spärlich Wurzeln ausbilden, oder gar Sukkulenten.

Auf dem Markt sind Blumentöpfe aus Ton und aus Plastik, beide haben ihre Vor- und Nachteile – und schlußendlich ist es auch eine Frage des Geschmacks, für was man sich entscheidet.

Tontöpfe, vor allem neue, sind hübsch anzuschauen. Später bilden sich häßliche Ausblühungen, die nicht immer leicht zu entfernen sind. Sie sind schwerer, deshalb standfester als Plastiktöpfe. Das Material ist porös, gießt man mal zuviel, kann das Wasser verdunsten. Auch beim Einfüttern in Torf oder Blähton nimmt Ton Wasser auf und gibt es an die Wurzeln der Pflanze weiter. Nachteilig wirkt sich das poröse Material aus, weil es im Substrat zu Verdunstungskälte kommen kann.

An kühlen Fenstern bekommen die Pflanzen schnell »kalte Füße«. Außerdem wachsen die Wurzeln in Tontöpfen ganz schnell zum Rand – weil es dort luftig und feucht ist. So bildet sich an der Topfwand ein dichter Wurzelfilz, innen wird das Substrat nur wenig genutzt.

Plastiktöpfe sind meistens nicht so dekorativ. Ihr Vorteil: Sie verhindern »kalte Füße«, weil die Feuchtigkeit durch die Außenwände nicht verdunsten kann. Die Bewurzelung in diesen Töpfen ist ganz gleichmäßig,

*Ton oder Plastik?*
*Im Tontopf wachsen die Wurzeln schnell zum Rand, im Plastiktopf durchwurzeln sie das Substrat gleichmäßig.*

das kommt der Nahrungs- und Wasseraufnahme zugute. Die Nachteile: Plastiktöpfe sind leicht, fallen gerne um. Wird zuviel gegossen, bleibt das Substrat lange naß. Beim Einfüttern in Torf oder Blähton gibt es keinen Luft- und Wasseraustausch.

Pflanzkübel für Zimmerbäume müssen sehr groß sein. Für die Standfestigkeit spielt das Gewicht des Kübels keine Rolle, weil das Substrat ohnehin so schwer ist, daß die großen Pflanzen kaum umkippen. Beim Sauermachen, wenn die Töpfe von der Stelle gerückt werden müssen, rechnet sich aber das zusätzliche Gewicht von großen Tonkübeln. Stellen Sie sie deshalb am besten von vornherein auf Rollenbretter. Plastikkübel können gut in dekorative Übertöpfe oder rustikale Körbe gestellt werden.

## Substrate für Grünpflanzen

Substrat ist die Sammelbezeichnung für alles, auf dem oder in dem eine Pflanze wächst. Das kann Erde sein, Blähton bei Hydrokultur oder die Baumrinde, auf der Epiphyten wachsen. Das Substrat muß Wasser und Nahrung festhalten und beides langsam und gleichmäßig an die Pflanze abgeben. Es muß luftdurchlässig sein, damit Sauerstoff an die Wurzeln gelangt. Es sollte – bis auf wenige Ausnahmen – einen pH-Wert um 6 haben, also leicht sauer sein.

## Substrate zum Kaufen

Unter der Bezeichnung »Blumenerde« werden im Fachhandel verschiedene Mischungen, meist auf Torf-Ton-Basis, angeboten, die leider nicht alle den Ansprüchen der Zimmerpflanzen entsprechen. Es lohnt sich auf jeden Fall, nicht das billigste Angebot zu nehmen. Ein nasses Substrat mit groben Brocken beispielsweise kann man nämlich gleich wegwerfen. Die Pflanzen

*Farne lieben die Wärme und Feuchtigkeit im Badezimmer. Aber es muß hell genug sein, sonst gedeihen sie nicht.*

gehen darin zugrunde, weil durch die Feuchtigkeit der Stickstoffdünger bereits aufgeschlossen ist. Sie werden sofort überdüngt.

Einheitserde ist eine bereits gedüngte Mischung aus 60% Weißtorf und 40% Ton oder Lehm. Sie hat den Vorteil, daß die Tonanteile den Kalk, der durch das Gießwasser in das Substrat gelangt, gut auffangen, die Erde wird nicht zu schnell basisch. Außerdem wirken die Tonanteile wie ein Nahrungsdepot, eine Überdüngung ist nicht so schnell möglich.

Torfkultursubstrate (TKS) – für Zimmerpflanzen eignet sich in erster Linie TKS 2 – bestehen meist aus Weißtorf, der auf einen pH-Wert von etwa 5,5 aufgekalkt und mit Nährstoffen angereichert ist. Die Gefahr des Überdüngens kann in einem solchen Substrat schneller eintreten. Andere Torfkultursubstrate setzen sich aus je 50% Weiß- und 50% Schwarztorf mit den entsprechenden Düngezusätzen zusammen. Der Schwarztorf nimmt mehr Wasser auf. Stehen die Pflanzen einmal trocken, entzieht er den

Wurzeln allerdings auch Wasser. TKS 1 ist schwach gedüngt und sollte nur zur Stecklingsvermehrung verwendet werden.

Spezialerden und -substrate gibt es für Kakteen, Orchideen, Azaleen; sie sind ganz auf die jeweiligen Bedürfnisse dieser Pflanzen eingestellt.

**Substrate zum Selbermischen**
Man kann sich die Blumenerden auch selber mischen, wenn die richtigen Substanzen zur Verfügung stehen.

Komposterden bestehen aus einer Mischung von 50% feinem, reifem Kompost, 30% Torf und 20% grobkörnigem Sand. Anstelle von Torf kann auch Gartenerde verwendet werden. Diese Mischung ist aber · nicht sehr luftdurchlässig und setzt sich schnell, es muß öfter umgetopft werden als bei einer gekauften Erde. Wo Kompost beigemischt wird, muß später die Düngung auf die Hälfte reduziert werden.

Kakteenerde, die auch für Dickblattgewächse, Bromelien und andere sukkulente Blattpflanzen (→ Grünteil, Seite 45) angezeigt ist, mischt man aus 70% Einheitserde und 30% Sand.

Durchlässige Erde brauchen Pflanzen, deren Wurzeln schnell faulen, zum Beispiel Farne und Maranten. Diesen Pflanzen mischt man in die Einheitserde Styromull, das sind kleine Kügelchen oder Schnitzel aus Styropor.

Lehmhaltige Erde, wie sie einige Grünpflanzen lieben, erhält man, indem der Blumenerde 10% Lehm, feinzerkrümelt, beigemischt werden. Lehm findet man oft in aufgeworfenen Maulwurfshügeln.

Hinweis: Welches Substrat sich für die einzelnen Grünpflanzen am besten eignet, ist in den individuellen Pflegeanleitungen auf Seite 52 bis 106 angegeben.

# Die Pflege der Grünpflanzen

Wer Pflanzen hat, der muß sich auch richtig um sie kümmern. Gießen, Düngen, Umtopfen und Schneiden gehören ebenso zur Pflege wie das Einhalten der notwendigen Ruhezeiten und der erholsame Sommeraufenthalt im Freien. Nur gut und sachgemäß gepflegte Grünpflanzen wachsen zu stattlichen Schönheiten heran und bleiben gesund.

## Das richtige Gießen

Wasser brauchen Grünpflanzen so nötig wie das Licht – und hier kann man auch die schlimmsten Pflegefehler begehen. Die wenigsten Pflanzen gehen an Nahrungsmangel oder Trockenheit zugrunde, 80% der Ausfälle muß man leider auf unsachgemäßes Gießen zurückführen – die Pflanzen werden schlichtweg ertränkt. Denn sobald der Ballen zu naß ist – man spricht dann von Staunässe –, bekommen die Wurzeln keinen lebensnotwendigen Sauerstoff mehr; sie faulen, und die Pflanze stirbt wegen Nahrungsmangels ab.

## Wann gießen?

Man kann keine festen Regeln aufstellen: Ob nun jeden Tag oder einmal die Woche gegossen werden muß – das richtet sich nach dem Zustand der Pflanze, ob sie groß oder klein, gut oder schlecht durchwurzelt ist, ob sie gerade treibt oder im Ruhezustand ist, ob sie kalt oder warm, hell oder dunkel steht. Zum Gießen brauchen Sie Fingerspitzengefühl, und das ist wörtlich gemeint. Dem Substrat sieht man

selten an, ob es naß oder trocken ist. Drücken Sie mit dem Finger darauf. Fühlt es sich feucht an, bleiben Krümel am Finger hängen, warten Sie mit dem Gießen noch einen Tag. Ist die oberste Erdschicht trocken, können Sie gießen.

Als Grundregel gilt: Lieber einmal durchdringend als öfter nur tröpfchenweise gießen. Die Oberfläche des Substrats sollte vor der nächsten Wassergabe etwa fingerdick abgetrocknet sein.

## Das Wasser

Die Wasserqualität spielt eine große Rolle. Leitungswasser ist oft sehr kalkhaltig, also hart. Und kalkhaltiges Wasser führt auf die Dauer dazu, daß die Nährstoffe im Substrat festgelegt werden und nicht mehr für die Pflanze zur Verfügung stehen. Erkundigen Sie sich beim

▷

*Stilleben mit Farnen.*
*Platycerium (Hirschgeweihfarn),*
*Adiantum (Frauenhaarfarn),*
*Blechnum (Rippenfarn), Nephrole*
*pis (Schwertfarn) und Cycas (Palm*
*farn).*

*Formen, Muster, Strukturen, Farben – Schönheit im Detail.*

Wasserwerk, welche Härte Ihr Wasser hat. Bis 10 Grad dH reicht es, wenn Sie das Gießwasser einen Tag lang stehenlassen. Bei Härtegraden darüber sollte entkalkt werden. Dafür gibt es verschiedene Methoden und Mittel, zum Beispiel Enthärtungsmittel in Tabletten-, Pulver- oder flüssiger Form, Spezial-Filtergießkannen, Ionenaustausch-dünger oder einfaches Abkochen des Wassers. Gänzlich ungeeignet ist Wasser aus Enthärtungsanlagen.

**Mein Tip:** Hängen Sie über Nacht einen mit Torf gefüllten Mullbeutel in die Gießkanne, der Torf bindet den Kalk an sich. Nach zwei- bis vier-maligem Nachfüllen des Wassers muß der Torf ausgetauscht werden.

Die Wassertemperatur ist sehr wichtig. Vor allem Pflanzen, die ungerne »kalte Füße« haben, dürfen niemals mit Wasser direkt aus der Leitung gegossen werden. Das Wasser sollte immer handwarm sein. Kaltes Wasser kühlt das Substrat aus und schädigt die Wurzeln.

Zu den Bildern:
Wie attraktiv das Blatt einer Grün-pflanze aus der Nähe aussieht, nur an sechs Beispielen:
1 *Maranta 'Kerchoviana'* (Marante)
2 *Asplenium* (Nestfarn)
3 *Maranta 'Erythroneura'* (Marante)
4 *Cocos nucifera* (Kokospalme)
5 *Iresine herbstii* (Iresine)
6 *Begonia 'Iron Cross'* (Blattbegonie)

**Gießen im Winter** hat zwei Seiten: Pflanzen, die im geheizten Zimmer weiterwachsen, müssen jetzt erheblich öfter gegossen werden als im Sommer, weil die Luft trockener ist. Andererseits halten im Winter viele Pflanzen eine Ruhezeit ein, sie treiben keine Blätter mehr aus. Also verbrauchen sie auch im warmen Raum weniger Wasser. Gießen Sie deshalb jede Pflanze ganz individuell nach ihren Bedürfnissen (→ Pflanzenportraits, Seite 52 bis 106).

**In kühlen Räumen** muß weniger gegossen werden, hier kann es bis zu zwei Wochen dauern, bis eine Pflanze wieder Wasser braucht. Auch hier gilt: Nicht ungeprüft gießen. Pflanzen, die eine ausgesprochene Ruhezeit einlegen und dabei häufig sogar die Blätter abwerfen, werden nur alle paar Wochen ganz sparsam gegossen.

Faustregel: Je kühler und dunkler eine Pflanze steht, desto seltener, je wärmer und heller ihr Platz, desto öfter muß man gießen.

## Von oben oder von unten gießen?

Grundsätzlich gießt man besser von oben. Das Substrat wird gleichmäßiger durchfeuchtet, die Nährstoffe verteilen sich besser im Substrat.

Von unten, also über den Untersetzer, gießt man lediglich Pflanzen, die Nässe auf den Blättern, an Stengeln und Knollen nicht vertragen. Zum Beispiel das Bubiköpfchen fault häufig von innen, wenn man auf die empfindlichen Triebe gießt. Der Nachteil des Gießens in den Untersetzer: Der Wasserstrom bewegt sich von unten nach oben, dabei setzen sich die Nährsalze nur im oberen Substratbereich an und fehlen dann an den Spitzen der Wurzeln. Abhilfe schafft man, indem man hin und wieder doch durchdringend von oben gießt.

Stehendes Wasser im Untersetzer, schlimmer noch im Übertopf, führt zu Abkühlen und Staunässe. Deshalb sollten Sie eine Stunde nach dem Gießen, auch wenn Sie über den Untersetzer gegossen haben, das überschüssige Wasser entfernen.

**Mein Tip:** Wählen Sie die Übertöpfe eine Nummer größer und legen Sie unten einige große Kiesel hinein. Darauf erst stellen Sie den Blumentopf. Damit beugt man dem »Fußbad« vor.

## Tauchen

Ihre Pflanzen müssen Sie nur tauchen, wenn sie wirklich einmal total trocken sind – Sie merken das daran, daß das Gießwasser sofort wieder unten aus dem Topf läuft. Stellen Sie die Pflanze bis über den Topfrand in warmes Wasser, so lange, bis keine Luftblasen mehr erscheinen. Pflanzen, die auf Epiphytenstämmen oder Rindenstükken wachsen, etwa graue Tillandsien oder der Geweihfarn, müssen einmal in der Woche getaucht werden, weil man sie ja nicht auf die übliche Art gießen kann.

## Besprühen

Oft wird das Besprühen der Pflanzen mit Wasser als wirksame Abhilfe gegen zu trockene Luft angepriesen – ist es aber nicht. Das Einnebeln hat eine andere Funktion: Es ersetzt den Tau. Die feinen Tröpfchen werden über die Blätter als zusätzliche Feuchtigkeit aufgenommen. Außerdem reinigt das Besprühen die Blätter von Staub und anderen Partikeln, die die Zimmerluft anreichern – aber nur, wenn regelmäßig gesprüht wird. Wer lediglich einmal in vier Wochen sprüht, erreicht das Gegenteil: Es bildet sich ein zäher Film auf den Blättern, der die Poren mehr verstopft, als Staub allein das tun würde.
Gesprüht werden müssen unbedingt Tillandsien und andere wurzellose Pflanzen, die Wasser nur über Saugschuppen aufnehmen.

**Mein Tip:** In manchen Räumen kann man einfach nicht sprühen, weil man sonst den Fußboden ruiniert. Gönnen Sie den Pflanzen einmal die Woche eine ausgiebige lauwarme Dusche in der Badewanne, das reinigt sie und hält sie frisch. Pflanzen, die den Sommer über im Zimmer bleiben, sollten Sie bei Nieselregen einige Stunden ins Freie stellen.

## Im Urlaub

Nicht jedermann bittet gerne die Nachbarn, während des Urlaubs die Pflanzen zu gießen. Man kann sich auch selbst helfen, allerdings nur zu etwa 10 Tagen:
● Stellen Sie alle Pflanzen in die Badewanne, gießen Sie sie gründlich (in der Wanne darf kein Wasser stehen). Im dunklen Bad bei kühler Luft halten es die Pflanzen eine Zeitlang aus.
● Füttern Sie die Pflanzen in eine mit feuchtem Torf gefüllte Plastikwanne ein. Sie muß kühl und möglichst schattig stehen.
● Mit einer »Bewässerungsautomatik«: einfachen Tonkegeln und dünnen Schläuchen, die mit einem

*Urlaubsbewässerung.*
*Für Einzeltöpfe: Ein Wollfaden saugt Wasser aus einem Vorratsbehälter.*
*Für Gruppen: Töpfe (nur Ton) in nassen Blähton einfüttern.*

größeren Wasserbehälter verbunden sind. Oder einfach mit Wollfäden, deren eines Ende in das Substrat gesteckt wird, während man das andere Ende in ein höher gestelltes, mit Wasser gefülltes Gefäß hängt.

## Düngen

Mit dem Dünger geben wir den Grünpflanzen die notwendige Nahrung, die sie ja aus dem bißchen Substrat, in dem sie stehen, allein nicht beziehen können. Mit zuviel Dünger kann man den Pflanzen ebenso schaden wie mit zuwenig – kein Pflanzenfreund sollte nach dem Motto »viel hilft viel« handeln.

**Mein Tip:** Immer nur auf den feuchten Ballen düngen, dabei die Blätter vor dem Düngemittel schützen.

Die richtige Dosierung des Düngers ist das A und O der Pflanzenernährung. Weil jede Pflanze andere Ansprüche hat, muß man sie auch unterschiedlich oft düngen. Aber lieber zuwenig als zuviel – obwohl Grünpflanzen da erstaunlich tolerant sind und einiges vertragen. Gut durchwurzelte Pflanzen können öfter, Jungpflanzen und geschwächte Pflanzen sollten nur mit halber Dosierung gedüngt werden. Auf den Packungen von Flüssigdüngern für Zimmerpflanzen ist immer angegeben, welche Düngermenge für welchen Literinhalt der Töpfe benötigt wird.

Der richtige Zeitpunkt ist fast wichtiger als die jeweilige Menge. Normalerweise beginnt man mit der Düngung langsam Anfang bis Mitte März – das kommt auf die Lichtintensität an. Ist der März wolkig und regnerisch – also dunkel, treiben die Pflanzen später aus, bei sonnigem Frühlingswetter früher. Ab Mitte Oktober wird das Düngen wieder reduziert. Denn nun tritt für fast alle Grünpflanzen eine Ruhezeit ein, in

der sie keine neuen Blätter mehr treiben. Während dieser Zeit düngt man in großen Abständen – etwa alle vier bis sechs Wochen. Pflanzen, die ganz trocken stehen, werden überhaupt nicht gedüngt.

## Welcher Dünger?

Im Handel werden eine Menge Blumendünger angeboten, die alle Stickstoff (N), Phosphor (P), Kalium (K) und Spurenelemente enthalten. Die Nährstoffanteile sind in Prozenten auf der Packung angegeben. Zum Beispiel heißt 7 : 6 : 7, daß der Dünger 7% Stickstoff, 6% Phosphor und 7% Kalium enthält.

Mineralische Dünger gibt es als schnellwirkende Flüssigdünger und als Langzeitdünger, die in Form von Düngestäbchen, Düngekegeln oder Granulaten erhältlich sind. Langzeitdünger sind Vorratsdünger, sie lösen sich im Substrat nur langsam auf und geben gleichmäßig über Wochen hinweg die Nährstoffe an die Pflanzen ab. Wer das Düngen mit schöner Regelmäßigkeit vergißt, sollte auf diese Langzeitdünger zurückgreifen.

Organische Dünger sind bei der Zimmerpflanzenkultur problematisch, weil sie sich in der kleinen Substratmenge mit wenigen Bodenorganismen nur schlecht in Nährstoffe verwandeln können.

**Mein Tip:** Gut sind Dünger mit Bodenorganismen, zum Beispiel Topfpflanzen-Azet oder Guano, ein organischer Dünger mit niedrigem Stickstoffanteil. Nicht unbedingt zu empfehlen: Hornspäne, Kaffeesatz oder andere »Haushaltsabfälle«.

## Umtopfen

Einige Grünpflanzen möchten jedes Jahr in neue Erde gesetzt werden. Andere schätzen öfteres Umtopfen nur als Jungpflanze. Diese Pflanzen bleiben ab einem Alter von etwa 2 bis 3 Jahren so lange im selben Topf, bis sie deutlich zeigen, daß sie kein Substrat und keinen Platz mehr haben (→ Pflanzenportraits, Seite 52 bis 106).

Der richtige Zeitpunkt zum Umtopfen ist immer das zeitige Frühjahr, kurz bevor die neue Wachstumszeit beginnt.

Platzmangel zeigen größere Pflanzen dadurch an, daß sie entweder den (Ton-)Topf sprengen oder sich buchstäblich aus dem Substrat herausheben. Auch Wurzeln, die aus dem Abzugsloch wachsen, zeigen an, daß im Topf nicht mehr genügend Platz ist.

*Umtopfen mit Wurzelschnitt.*

*Wird erforderlich, wenn man nicht mehr in einen größeren Topf umsetzen möchte (Platzgründe). Topfkante leicht anstoßen, damit sich der Ballen löst. Überstehende Wurzeln zurücknehmen. Pflanze in neuen Topf setzen. Neue Erde gut feststopfen. Später auch lange Triebe um ein Drittel zurücknehmen, damit das Gleichgewicht zwischen oberirdischen und unterirdischen Pflanzenorganen stimmt.*

*Damit die Pflanze buschig wächst und innen nicht verkahlt, müssen schwache oder aus der Form herausragende Triebe – vor allem bei Jungpflanzen – immer wieder abgeschnitten werden. Auch ältere Pflanzen kann man so gut verjüngen, an den Schnittstellen bilden sich neue Triebe. Wichtig: Immer oberhalb eines Auges mit einem scharfen Messer schneiden. Das Messer vorher in Alkohol oder Pflanzeninfektionsmittel tauchen.*

Der neue Topf sollte nicht viel größer sein als der alte. Lieber schneidet man zu dichte und zu lange Wurzeln etwas zurück. Zimmerpflanzen sollen ja nicht zu groß werden. Bei Jungpflanzen nimmt man den Topf höchstens zwei Nummern größer.

So wird richtig umgetopft:
• Substrat anfeuchten, damit es sich leicht aus dem Topf lösen läßt.
• Die Hand über den Topf legen, Pflanze zwischen Zeige- und Mittelfinger festhalten, den Topf umdrehen und mit der Kante leicht an den Tischrand (oder eine andere Unterlage) stoßen. Pflanze nie aus dem Topf zerren.
• Im neuen Topf (Tontöpfe vorher wässern) Scherben über das Abzugsloch legen, in große Töpfe für Zimmerbäume 10 cm dicke Drainageschicht aus Kies legen.
• Substrat so weit auffüllen, daß die Pflanze wieder gleich hoch im Topf steht wie vorher.
• Altes Substrat locker von den Wurzeln schütteln.
• Sehr starkes Wurzelwerk etwas einkürzen – dann aber auch einen Teil des Blattwerks stutzen.
• Stark verfilzte Ballen mit einem Holzstab auflockern.

Pflanze locker in den neuen Topf setzen, mit Substrat bis auf einen daumendicken Gießrand auffüllen.
• Gründlich angießen.
• Warm stellen.

**Schneiden und Stutzen**
Pflanzen, die zu groß werden, und solche, die sich nicht wunschgemäß entwickeln, kann man durch Schneiden »in Form« bringen.
Die richtige Zeit dafür ist das zeitige Frühjahr, also nach der Ruhezeit.
Jungpflanzen werden nur an den Triebspitzen gestutzt, damit sie sich gut verzweigen.
Ältere Pflanzen, die verkahlen oder einzelne lange Zweige bilden, kann man ruhig kräftig, bis zu zwei Drittel, zurückschneiden. Dieser Verjüngungsschnitt regt zu neuem, gleichmäßigem Wachstum an.
Der richtige Punkt, an dem man schneidet, ist immer über einem Auge oder einem Blatt, das nach außen zeigt. So wachsen die neuen Zweige nicht nach innen, was oft ein unansehnliches Bild gibt.
Ein scharfes Messer ist zum Schneiden und Stutzen besser als eine Schere, mit der das Gewebe gequetscht wird (was der Pflanze schadet).

**Gerüste und Epiphytenstämme**
Kletterpflanzen, sofern sie nicht als Ampeln gezogen werden, brauchen im Zimmer ein Gerüst, an dem sie sich hochranken können. Läßt man sie an einer Wand klettern, sind sie nur schlecht umzutopfen.
• Ein Gerüst können Sie aus Bambusstäben oder Holzlatten leicht selber bauen. Im Handel sind hübsche Gerüste aus Kunststoff.
• Philodendron und Monstera, die sich gerne an feuchten Ästen festhalten, binden Sie besser an einen Moosstab, den es in Pflanzenfachgeschäften zu kaufen gibt, den Sie aber auch basteln können.
• Pflanzen mit langen Trieben kann man auch im Kreis ziehen. Dafür steckt man einen, besser zwei umeinandergewundene starke Drähte bogenförmig in den Topf und bindet die Triebe leicht an.
• Tillandsien und andere Epiphyten wachsen auf Baumstämmen. Im Zimmer tun sie das auch, aber wir müssen sie selbst darauf ansiedeln. Die Pflanzen werden auf einem starken Ast so befestigt: Man umwickelt die Wurzeln mit Moos oder einem speziellen Epiphytensubstrat und bindet sie mit einem elastischen Band fest.

*Moosstab für Luftwurzler.
Auf ein Stück engen Maschendraht feuchtes Moos legen, zur Rolle wickeln, zusammenbinden und vor dem Pflanzen in den Topf stecken. Moos immer feucht halten.*

*Ein Halt für Ranker.*
*Kletter- und Schlingpflanzen*
*brauchen einen Rundbogen aus*
*starkem Draht oder ein Topfspalier.*

*Epiphyten aufbinden.*
*Hirschgeweihfarne und andere*
*Aufsitzerpflanzen bindet man mit*
*Streifen von Nylonstrümpfen am*
*Stamm fest.*

## Im Winter Ruhe
Fast alle Grünpflanzen legen während des Winters eine Ruhezeit ein. Das heißt aber nicht, daß sie jetzt unansehnlich werden. Sie wachsen lediglich nicht weiter. Nur einige werfen die Blätter ab und müssen in einen sehr kühlen Raum gestellt werden. Die meisten schmücken das Wohnzimmer auch während der kalten und dunklen Jahreszeit. Man kann nicht exakt festlegen, wann diese Ruhezeit beginnt, und wann sie endet. Das kann bei derselben Sorte ganz unterschiedlich sein. Im allgemeinen ruhen Grünpflanzen von Ende Oktober bis Anfang März. Beobachten Sie also Ihre Pflanze gut – schiebt sie keine neuen Blätter mehr, wird sie weniger gedüngt und je nach Zimmertemperatur auch weniger gegossen. Zeigen sich die ersten Neutriebe, beginnt man langsam wieder die Düngemenge zu steigern und gießt auch entsprechend mehr.

## Im Sommer ins Freie
Gönnen Sie Ihren Grünpflanzen den Sommeraufenthalt im Freien. Den meisten von ihnen bekommt das ausgesprochen gut, vor allem die großen Zimmerbäume erholen sich von der trockenen Zimmerluft und treiben kräftig aus.
Nach den Eisheiligen erst können die verzärtelten Zimmerpflanzen an die frische Luft gestellt werden – aber auch nur, wenn es wirklich schön warm ist.
Sonnenbrand ist die größte Gefahr. Stellen Sie also die Pflanzen – auch wenn sie später einen sonnigen Platz vertragen – nicht sofort in die pralle Sonne, die Blätter verbrennen, die Pflanze geht ein. Zuerst kommen die Pflanzen an einen halbschattigen Platz, nach zwei bis drei Wochen kann man sie dann in die Sonne stellen.
Ein halbschattiger Platz mit etwas Sonne am Morgen oder am Abend ist für die meisten Zimmerpflanzen ohnehin der beste Aufenthaltsort im Freien. Farne und andere schattenliebende Pflanzen sollten auch draußen vor Sonne geschützt werden.
Schädlinge machen sich im Freien mit Wonne über die Zimmerpflanzen her. Sie sollten sie also immer gut beobachten, damit Sie rechtzeitig Abwehrmaßnahmen ergreifen können.

**Mein Tip:** Wenn Sie Ihre Zimmerpflanzen nach dem Sommeraufenthalt wieder ins Haus holen, sollten Sie sie gut anschauen. Sind sie von Schädlingen befallen, werden sie auch ihre Zimmergenossen anstecken. Zu diesem Zeitpunkt kann eine gezielte Schädlingsbekämpfung notwendig sein.

## Hydrokultur
Viele Grünpflanzen können sehr gut in Hydrokultur gehalten werden, also ohne Erde. Die Vorteile: Die Pflege wird einfacher, weil man nicht regelmäßig gießen und seltener düngen muß. Der Wasser- und Nährstoffvorrat ist größer, die Pflanze kann sich gleichmäßiger entwickeln. Umgetopft werden muß nur in großen Abständen. Die Nachteile der Hydrokultur: Das Umtopfen ist schwierig, weil die Wurzeln nur schwer aus dem Kulturtopf gelöst werden können. Die Pflanzen und Töpfe sind sehr viel teurer als bei der Erdkultur – schließlich müssen die Pflanzen speziell für die Hydrokultur herangezogen werden. Und der Aufenthalt im Freien ist proble-

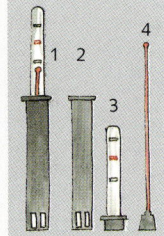

*Hydrokultur.*
*Wasser immer auf Normal (N) oder*
*Minimum (M) halten. Prüfen, ob der*
*Wasserstandsanzeiger (1 bis 3) nicht*
*verstopft ist, der Schwimmer (4)*
*muß frei beweglich sein.*

*Der Arbeitsplatz wird freundlich durch allerlei Gräser im Topf: Simse, Papyrus und Zypergras.*

matisch, weil der Blähton dort leicht veralgt.

Das Substrat: Es besteht aus Wasser mit einer Nährflüssigkeit. Hinzugefügt wird Blähton – das sind kleine Tonkügelchen, die lediglich zum Halten der Pflanze dienen.

Die Gefäße: Ein Hydrogefäß besteht aus einem durchbrochenen, meist geschlitzten Kulturtopf aus Plastik, in dem die Pflanze in Blähton steht, und einem Übertopf. Manche Übertöpfe haben ein Fenster, durch das man den Wasserstand beobachten kann. Häufiger aber ist ein Wasserstandsanzeiger, den man in den Kulturtopf steckt.

Das Wasser: Es wird in den Übertopf gefüllt, darf aber nicht bis an den Rand stehen, sonst bekommen die Wurzeln keinen Sauerstoff und faulen. Richtig ist, wenn der Wasserstandsanzeiger auf »Normal« beziehungsweise »Minimum« steht. Lassen Sie den Anzeiger auf »Minimum« sinken, dann warten Sie einen Tag (bei großen Gefäßen eine Woche), bevor Sie wieder auffüllen. Auf »Maximum« wird nur vor längerer Abwesenheit aufgefüllt.

**Mein Tip:** Prüfen Sie regelmäßig, ob der Wasserstandsanzeiger auch funktioniert. Er kann verstopfen und zeigt dann falsch an – mit möglichen fatalen Folgen für die Pflanze.

Die Nährstoffe: Hydropflanzen werden mit speziellem Hydro-Flüssigdünger »ernährt« und im Winter gar nicht oder nur wenig gedüngt. Bei Wasserhärten über 8 Grad dH kann die Pflanze auch über einen Ionenaustauscher, eine sogenannte »Düngebatterie«, versorgt werden. Hierbei muß das Wasser nicht alle

*Streifen, Tupfen, Flecken sorgen für Abwechslung.*

4 bis 8 Wochen komplett ausgetauscht werden.

<u>Umstellen von Erd- auf Hydrokultur:</u>
Bei erwachsenen Pflanzen nicht erfolgreich, funktioniert allenfalls mit einer Jungpflanze.

<u>So wird's gemacht:</u>
● Die Triebe so weit wie möglich einkürzen.
● Jedes noch so kleine Krümelchen Erde von den Wurzeln abspülen, damit keine Fäulniserreger in die Nährflüssigkeit gelangen.
● Die Pflanze mindestens 4 Wochen in gespannter Luft (→ Grünteil,

Seite 37) halten, Wasser und Nährstoffe während dieser Zeit auf Minimum halten.

<u>Umstellen von Hydro- auf Erdkultur:</u>
Das gelingt eher.

<u>So wird's gemacht:</u>
● Die Pflanze muß in einen recht großen Topf gesetzt werden.
● Das Substrat hält man in der ersten Zeit feucht.
● Auch hier erst düngen, wenn die Pflanze zeigt, daß sie wächst.

<u>Vermehrung:</u> Die Stecklinge für die Hydrokultur werden in Wasser oder in einem Hydrogefäß bewurzelt.

<u>Zu den Bildern:</u>
Die Natur läßt sich bei Grünpflanzen viele Muster einfallen:
1 Panaschiert: *Peperomia 'Greengold'* (Zwergpfeffer)
2 Geädert: *Fittonia verschaffeltii (Fittonie)*
3 *Gerandet: Plectranthus* (Harfenstrauch)
4 Gesprenkelt: *Hypoestes* (Hüllenklaue)
5 Gestromt *Sansevieria* (Bogenhanf)
6 Gefleckt: *Euonymus* (Spindelstrauch)

# Grünpflanzen vermehren

Es gibt Grünpflanzen, die man nicht kaufen kann, weil sie sich so leicht vermehren lassen, daß sie von Haus zu Haus weitergegeben werden. Bei anderen ist die Vermehrung schwieriger – aber gerade das reizt den Zimmergärtner. Oft will, ja muß man eine unansehnlich gewordene ältere Pflanze ausmustern; was liegt näher, als sie selbst nachzuziehen? Und auch Nachbarn und Freunde freuen sich über Jungpflanzen.

Es gibt grundsätzlich zwei Möglichkeiten, Grünpflanzen selbst heranzuziehen:

Die generative Vermehrung durch Samen. Sie spielt bei Grünpflanzen eine untergeordnete Rolle, macht aber sehr viel Spaß. Palmen, Farne, Aloe, Zimmertanne und einige andere Blattpflanzen (→ Pflanzenportraits, Seite 52 bis 106) können so vermehrt werden. Man braucht allerdings etwas Geduld.

Die vegetative Vermehrung durch Stecklinge, Kindel und Teilen ist bei den allermeisten Grünpflanzen erfolgversprechend – und auch recht einfach.

Der richtige Zeitpunkt für die vegetative Vermehrung ist der Frühsommer. Nun sind die Mutterpflanzen kräftig, sie verkraften die Abnahme von Trieben für die Vermehrung, das Teilen, haben Kindel getrieben. Und die Ableger haben jetzt ausreichend Wärme und Licht, um schnell Wurzeln und danach neue Triebe zu bilden.

Das richtige Substrat zum Vermehren ist immer so mager wie möglich. TKS 1 eignet sich gut für zarten Jungpflanzen, auch Blumenerde, die 1:1 mit Sand vermischt wird. Die Pflänzchen haben einen geringen Nährstoffbedarf, sie bilden um so mehr Wurzeln aus, je weniger Nährstoffe im Substrat enthalten sind.

## Stecklinge

Die meisten Blattpflanzen werden durch Stecklinge vermehrt, das heißt, ein Stück eines Triebes oder eines Blattes wird in Wasser oder magerem Substrat bewurzelt.

Kopfstecklinge nimmt man von der Triebspitze ab.
So wird's gemacht:
• 10 bis 15 cm lange Spitze eines einjährigen Triebes unterhalb eines Blattknotens mit einem scharfen Messer schräg abschneiden.
• Alle Blätter im Bereich der unteren 5 bis 8 cm abschneiden, so können die Pflanzen assimilieren und verlieren doch nicht zuviel Feuchtigkeit.
• Zum Bewurzeln in ein Glas mit Wasser stellen oder gleich in den Topf mit der Anzuchterde.
• Bei empfindlichen Pflänzchen durchsichtige Plastiktüte überstülpen (Gespannte Luft, Grünteil, → Seite 37).

Teilstecklinge gewinnt man aus längeren Trieben, dabei werden außer der Spitze mehrere Stücke des Triebes zum Vermehren verwendet (Kletterpflanzen!).
So wird's gemacht:
• Einjährigen, schwach verholzten Trieb unterhalb eines Blattknotens in mehrere 5 bis 15 cm lange Stücke schneiden.
• An jedem Triebstück die unteren Blätter entfernen.
• Mit dem Teil, das auch an der Pflanze zur Wurzel zeigt, in die Anzuchterde oder in ein Glas Wasser stellen.
• Wie Kopfstecklinge weiterbehandeln.

Stammstecklinge sind Teile eines Stammes, zum Beispiel von der Yucca.
So wird's gemacht:
• Stamm in 20 bis 40 cm lange Stücke schneiden, alle Blätter entfernen.
• Stammstücke entweder senkrecht mit dem unteren Ende in mageres Substrat stecken oder flach so in das Substrat legen, daß eine Stammhälfte mit Augen nach oben zeigt.
• Senkrechte Stammstücke sehr warm stellen. Flach liegende Stücke mit Plastikfolie bedecken (→ Gespannte Luft, Grünteil, Seite 37).

*Kopfstecklinge.*
*10 bis 15 cm lange Triebspitzen schräg abschneiden, in Bewurzelungspulver (→ Grünteil, Seite 34) tauchen und in Anzuchterde stecken.*

*Krautige Triebstecklinge bewurzeln gut in einem Glas Wasser.*

*Auf einer Heizplatte werden aus Samen junge Palmen herangezogen.*

Blattstecklinge entstehen aus einzelnen Blättern.

So wird's gemacht:

● Bei dicken, fleischigen Blättern (zum Beispiel *Sansevieria*) Blatt in 2 bis 5 cm lange Stücke schneiden, Schnittstelle antrocknen lassen.

● Bei kleinblättrigen Pflanzen (zum Beispiel Blattbegonie) ein ganzes Blatt abnehmen, Mittelrippe mehrfach anritzen, mit der Blattunterseite auf das Substrat legen und mit kleinen Steinchen beschweren. Die neuen Pflänzchen wachsen aus den Ritzstellen.

● Zypergras: Blattschopf mit etwa 2 cm Stiel abschneiden und in eine Schale mit Wasser legen.

## Absenker

Mit Hilfe von Absenkern vermehrt man vor allem Kletterpflanzen.

So wird's gemacht:

● Einen Trieb (ein- oder zweijährig) von der Mutterpflanze auf einen danebenstehenden Topf biegen.

● Bei einer Blattknospe etwas in die Erde drücken und mit einem gebogenen Draht festhalten.

● Wenn sich Wurzeln und Neutriebe gebildet haben, von der Mutterpflanze abschneiden.

## Abmoosen

Abmoosen ist eine Vermehrungsmethode, die vor allem bei Pflanzen mit relativ dicken, älteren Trieben praktiziert wird (zum Beispiel Gummibaum).

So wird's gemacht:

● Unterhalb eines Blattknotens den Trieb mit einem scharfen Messer etwas weniger als zur Hälfte einschneiden.

● Den Schnitt mit Bewurzelungshormon bestäuben.

● Unter der Schnittstelle ein Stück Plastikfolie rund um den Trieb festbinden, daß eine Art Tüte entsteht.

● In die Tüte angefeuchteten Torf füllen, die Folie über dem Schnitt zubinden.

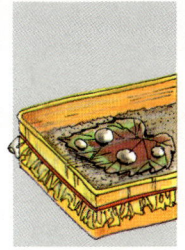 

*Blattstecklinge.*
*Blätter auf das Substrat legen, beschweren, mit Folie abdecken. Oder Blätter teilen, mit der unteren Schnittfläche ins Substrat stecken.*

• Im Laufe von mehreren Wochen (etwa sechs bis zehn) bilden sich im Torf Wurzeln. Dann das Triebstück ganz abschneiden und in einen Topf mit TKS 1 pflanzen.

### Kindel und Brutpflanzen
Problemlos ist die Vermehrung mit jungen Pflänzchen, welche die Mutterpflanze von ganz alleine bildet.

Kindel nennt man kleine Pflänzchen, die an einem Ausläufer über oder unter der Erde wachsen. Beispiele: Grünlilie und Judenbart. Auch Bromelien bilden Kindel, die allerdings nicht an langen Sproßachsen hängen, sondern neben der

Mutterpflanze aus dem Boden wachsen. Diese Art der Vermehrung ist die leichteste und erfolgreichste, weil die Kindel ja schon fertige kleine Pflanzen sind.
So wird's gemacht:
• Kindel von der Mutterpflanze abnehmen, wenn sie kleine Wurzeln haben.
• In einen Topf mit Anzuchtsubstrat setzen, feucht halten, eventuell in gespannter Luft (→ Grünteil, Seite 37) vor Verdunstung schützen.
• Bei Bromelien nimmt man die Kindel ab, wenn die Mutterpflanze nach der Blüte eingeht.

Brutpflanzen sind Minipflänzchen, die sich auf den Blättern der Grünpflanzen entwickeln – die Mutterpflanze trägt ihre Kinder sozusagen huckepack. Auch sie sind leicht zu ziehen.
So wird's gemacht:
• Beim Brutblatt (*Bryophyllum*) Brutpflänzchen von den Blättern abstreifen, auf das Substrat legen, feucht halten.
• Bei Henne mit Küken (*Tolmiea,* → Pflanzenporträts, Seite 104) das Blatt mit dem Nachwuchs so in das Substrat eines neuen Topfes legen, daß die »Küken« Bodenberührung haben. Blatt etwas beschweren, das Substrat immer feucht halten.

*Absenker von Ampelpflanzen.*
*Jungtrieb auf das Substrat eines kleinen Topfes legen, mit einem gebogenen Draht festhalten. Nach Wurzelbildung abtrennen.*

### Teilen
Pflanzen, bei denen aus dem Wurzelstock mehrere selbständige Sprosse wachsen (Sansevierie, Zierspargel, Schusterpalme, Zypergras, Bubiköpfchen), kann man zur Vermehrung teilen – wenn sie zu groß werden, muß man es sogar.
So wird's gemacht:
• Pflanze aus dem Topf nehmen, mit den Händen auseinanderziehen, dabei Wurzeln schonen und darauf achten, daß jedes Pflanzenstück ausreichend Wurzeln behält.
• Bei zu dickem Wurzelgeflecht und fleischigen Wurzeln Ballen mit einem scharfen Messer in zwei oder mehrere Stücke schneiden.
• Pflanzen in neues Substrat setzen, nur feucht halten und vor Sonne schützen.

### Tips, wie die vegetative Vermehrung sicher gelingt
• Nicht zu weiche, lieber halb verholzte Triebe zum Vermehren verwenden.
• Stecklinge an den Rand des Topfes setzen, sie bewurzeln so besser.

*Abmoosen bei Grünpflanzen mit holzigen Trieben.*

*Stengel 2 bis 3 mm tief mit einem scharfem Messer einritzen. Unterhalb der Schnittstelle Folie um den Stengel binden, mit feuchtem Torf füllen und oben zubinden. Torf immer feucht halten, bis sich Wurzeln bilden. Dann Trieb unterhalb der Wurzeln abschneiden und in Aussaaterde pflanzen.*

- Bei der Anzucht in Wasser darauf achten, daß die Stiele immer im Wasser stehen.
- Ableger an einen warmen Platz ohne Sonne stellen.
- Feucht halten, aber nicht ertränken.
- Erst düngen, wenn die Pflanze neue Triebe bildet.
- Neue Triebe bei buschig wachsenden Pflanzen hin und wieder entspitzen.
- Unter gespannter Luft (→ Grünteil, Seite 37) auf Fäulnis achten, Folie zum Lüften öfter anheben. Schwitzwasser abtropfen lassen.

**Tips für die Vermehrung aus Samen**
- Für Bodenwärme sorgen. Heizbares Vermehrungsbeet verwenden und Wärmematte (Thermolux) unter die Aussaatschale legen.
- Vor dem Einfüllen der Aussaaterde (TKS 1) daumendicke Drainageschicht aus Sand oder Kies einfüllen
- Samen nicht zu dicht aussäen.
- Staubfeines Saatgut nicht abdecken, sondern nur leicht andrücken.
- Dicke und harte Samen 24 Stunden vorher in Wasser einweichen oder leicht anritzen.
- Nicht mit der Kanne angießen, sondern Erde lieber mit der Blumenspritze anfeuchten.
- Aussaatschale mit Glasscheibe abdecken. Hell, aber nicht sonnig stellen.
- Erde niemals austrocknen lassen.

◁ *Ein Märchenwald aus Zimmerbäumen.*
*In diesem Wintergarten grünt und blüht es das ganze Jahr.*

# Krankheiten und Schädlinge

Gesunde Grünpflanzen werden kaum von Krankheiten oder Schädlingen befallen – Krankheiten sind meist durch Pflegefehler bedingt, Schädlinge treten bei falschen Standorten und Temperaturen auf, oder wenn die Pflanze geschwächt ist. Vorbeugen heißt also das Motto. Wenn es aber doch passiert: Man kann den Pflanzen helfen.

Das wichtigste ist die Diagnose. Nur wenn man weiß, was einer Pflanze fehlt, kann man ihr gezielt helfen. Es hat keinen Sinn, mit der chemischen Keule quasi auf Verdacht zuzuschlagen – man kann unter Umständen damit nur noch mehr Schaden anrichten.

**Vorbeugen und heilen**
Wenn Sie die Diagnose gestellt haben und wissen, was Ihrer Pflanze fehlt, kann man ihr in den meisten Fällen helfen. Besser aber ist vorbeugen, und das ist fast immer möglich. Lediglich wenn Schadinsekten von draußen eingeschleppt werden, etwa nach dem Sommeraufenthalt im Freien oder beim Kauf einer neuen Pflanze, muß man gezielte Bekämpfungsmaßnahmen ergreifen.

**Pflegefehler: Lichtmangel**
Vorbeugen: Pflanze so hell stellen, wie sie es verlangt.
Bei Schäden: Vergeilte Triebe (→ Grünteil, Seite 46) abschneiden. Vergrünte Blätter werden an einem helleren Platz wieder bunt.

**Sonnenbrand**
Vorbeugen: Pflanzen vor Sonneneinstrahlung schützen.
Bei Schäden: Stark geschädigte Blätter entfernen.

**Ballentrockenheit**
Vorbeugen: Substratfeuchtigkeit an hellem und warmem Platz täglich überprüfen, bei Bedarf gießen.
Bei Schäden: Pflanze bis zur Oberkante des Topfes in ein Gefäß mit lauwarmem Wasser stellen.

**Kälteschäden**
Vorbeugen: Beim Sprühen mit Pflanzenschutzmittel 30 cm Abstand von der Pflanze einhalten. Vereisungsgefahr!
Bei Schäden: Stark verfleckte Blätter entfernen.

**Staunässeschäden**
Vorbeugen: Nicht unbesehen gießen, kein Wasser im Übertopf oder Untersatz stehenlassen.
Bei Schäden: Pflanzen in einen kleineren Topf mit frischem Substrat eintopfen, faule Wurzelteile abschneiden. Wenig gießen.

## Wurzelschäden

Vorbeugen: Wie bei Staunässe-schäden.
Bei Schäden: Wie bei Staunässe.

## Biologischer und chemischer Pflanzenschutz

Wir verzichten in diesem Buch bewußt auf die Empfehlung bestimmter Pflanzenschutzmittel. Durch die strengere Gesetzgebung verändert sich der Markt schnell, immer mehr giftige Inhaltsstoffe werden verboten und durch andere ersetzt.

Nicht immer kann ganz auf chemische Pflanzenschutzmittel verzichtet werden, aber dann muß man richtig mit ihnen umgehen. Vorher sollte man versuchen, Schädlinge durch mechanische oder erprobte Hausmittel zu bekämpfen. Schließlich atmen wir ja dieselbe Luft im Raum wie die Pflanzen. Und was die Schadinsekten umbringt, tut auch uns nicht gut. Deshalb ein paar bewährte Tips:

## Mechanische Bekämpfung von Schadinsekten

- Eintauchen der ganzen Pflanze in lauwarmes, mit etwas Spülmittel versetztes Wasser. Dabei Substrat mit Plastik- oder Alufolie vor dem Ausschwemmen schützen.
- Abstreifen der Schädlinge mit Wattestäbchen, einer weichen Zahnbürste, einem Holzstäbchen.
- Abschneiden und Vernichten befallener Triebe oder Blätter im Anfangsstadium.

## Biologische Mittel gegen Schadinsekten

- Schmierseifenbrühe: 1 l Wasser mit 1 Eßlöffel Schmierseife und 1 Teelöffel Spiritus vermischen, Pflanze besprühen.
- Pyrethrumhaltige Mittel: Sie wirken gegen alle beißenden und saugenden Insekten, vor allem Blattläuse und Weiße Fliege.

Achtung: Berührungsgift. Nicht in offene Wunden oder Ausschläge gelangen lassen; Pyrethrum-Mittel sind dann hochgiftig!

- Nützlinge: Raubmilben, Schlupfwespen und Florfliegen kann man bestellen und gezielt gegen Schadinsekten einsetzen. Das ist aber nur im Wintergarten sinnvoll, wo viele Pflanzen stehen. Im Zimmer finden die Nützlinge wenig Nahrung und verhungern schnell.

## Ätherische Öle als Stärkungsmittel

Ätherische Öle verhelfen Pflanzen zu ihrem charakteristischen Duft. Aber sie sind auch hochwertige Heilstoffe, wie wir aus der Medizin wissen. Ihre antiseptische, antibakterielle und stärkende Wirkung kann man sich jetzt auch für Pflanzen zunutze machen. Außerdem wirken sie wachstumsfördernd, da ihre chemische Struktur jener der menschlichen und pflanzlichen Hormone stark ähnelt. Nachdem großangelegte Spritzversuche in der Landwirtschaft und im Erwerbsgartenbau erfolgreich gelaufen sind, gibt es die Aromastoffe jetzt auch für Garten- und Zimmerpflanzen. Erhältlich in Sprayform (mit reiner Luft als Druckmedium!) als »Aromatische Pflanzenpflege« für Blüten- beziehungsweise Blattpflanzen (Bezugsquelle → Adressen, Seite 111).

## Chemische Mittel

Darunter versteht man Insektizide (gegen Schadinsekten), Akarizide (gegen Spinnmilben) und Fungizide (gegen Pilzerkankungen). Wenn sie im Notfall eingesetzt werden müssen, sollten Sie folgende Punkte unbedingt beachten:

- Keine hochgiftigen Mittel verwenden. Sie sind mit »T« oder »T+« und einem Totenkopf gekennzeichnet.
- Nur im Freien und bei bedecktem Himmel anwenden.

- Immer Gummihandschuhe tragen.
- Keine Spraydosen verwenden: zum Umweltschutz und Schutz der Pflanzen vor Kälteschäden durch das Treibmittel.
- Bei selbst angesetzten Spritzbrühen Dosierung sehr genau beachten – zuviel schadet den Pflanzen, zuwenig hilft nicht. Mit einer Einwegspritze kann man auch kleinste Mengen richtig dosieren.
- Spezielle Mittel für die entsprechenden Schadinsekten verwenden, nur so erzielen Sie die richtige Wirkung.
- Spritzintervalle beachten – wird nicht genau im angegebenen zeitlichen Abstand wieder gespritzt, werden die nachschlüpfenden Insekten nicht vernichtet, und die Aktion war umsonst.
- Systemische Mittel werden über die Leitungsbahnen von den Wurzeln in die Blätter befördert und helfen nur, wenn die Pflanze »im Saft« steht. Während der Winterruhe wirken sie nicht.
- Reste von Spritzmitteln zum Sondermüll geben – nicht in den Abfluß schütten.
- Chemische und biologische Pflanzenschutzmittel frostfrei und vor Kindern gesichert aufbewahren.

**Was fehlt der Pflanze?**
Abhilfe und Bekämpfung → Seite 27 bis 31.

| Symptome | Mögliche Ursachen |
|---|---|
| Blattfall | Lichtmangel, Düngermangel, Wurzelschäden |
| Eingerollte Blätter | Zu trockene Luft, Ballentrockenheit, Wurzelschäden |
| Helle Blattflecken | Gießen mit zu kaltem Wasser, große Temperaturschocks |
| Dunkle Blattflecken | Kälteschäden |
| Silbrige Blattflecken | Zuviel Sonne |
| Glasig-faulige Blattflecken | Bakterielle Blattfleckenkrankheiten |
| Gelbe Blätter | Falscher Standort, zuwenig oder zuviel Dünger |
| Verfärbte Blattränder | Pilze, zu starke Düngung, zu trockene Luft |
| Verblassen der Blätter | Stickstoffmangel |
| Verblassen mit grünen Adern | Eisenmangel. Ist das Umfeld der Adern noch grün: Magnesiummangel |
| Korkwucherungen | Krasser Temperaturwechsel |
| Bunte Blätter vergrünen | Lichtmangel |
| Klebriger Belag | Blatt- oder Schildläuse |
| Heller, mehliger Belag | Mehltau |
| Gelbbrauner Belag | Grauschimmel (Botrytis) |
| Bräunliche Schilde an Blattunterseite | Schildläuse |
| Watteähnliche Gebilde | Wolläuse, Schmierläuse |
| Helle Blattflecken und feine Gespinste | Spinnmilben |
| Dunkle Stellen am Stengelhals | Stengelfäule durch Bakterien, Bodenpilze, Kälte |
| Lange Sprosse mit weit auseinanderstehenden Blättern | Lichtmangel. Tritt vor allem im Winter auf. |
| Verkrüppelte Sprosse | Blattläuse, Stengelälchen (unsichtbar, sehr selten). |

## Häufige Schädlinge und Krankheiten

Neben den rechts abgebildeten und beschriebenen Schadbildern werden Grünpflanzen noch von einigen weiteren Schädlingen und Krankheiten heimgesucht.

Schildläuse sind sehr lästig. Sie lieben trockenwarme Heizungsluft und befallen vor allem die verschiedenen Ficusarten, Palmen und Aralien. Man bekämpft sie mit Blattglanzmitteln, unter denen sie ersticken, oder kratzt sie mit einem Holzstäbchen einfach ab.

Woll- und Schmierläuse werden genauso behandelt.

Blasenfüße oder Thripse können durch Abduschen entfernt werden.

Trauermücken fängt man mit beleimten Gelbtafeln oder Fliegenpapier.

Springschwänze verschwinden, wenn man die Erde ganz abtrocknen läßt.

Grauschimmel (Botrytis) läßt sich mit Fungiziden bekämpfen. Man kann diesem häufigen Pilzinfekt aber auch vorbeugen, indem man nicht zu stickstoffreich düngt und vor allem während der lichtarmen Saison vermeidet, beim Gießen Blätter und Stengel zu benetzen.

### Stengelfäule

Staunässe sowie ein zu kalter und nasser Stand sind schuld an dieser Bakterieninfektion. Gefährdet sind zum Beispiel Dieffenbachie und Sansevierie. Eine Heilung ist nicht möglich. Befallene Pflanze isolieren und abwarten – oder am besten gleich wegwerfen.

### Stickstoffmangel

Zu erkennen am kümmerlichen Wuchs und den gelb-grün verfärbten Blättern. Tritt meist im Frühjahr auf. Abhilfe: Umtopfen in gute Blumenerde oder Nachdüngen mit einem stickstoffhaltigen, schnell verfügbaren Flüssigdünger.

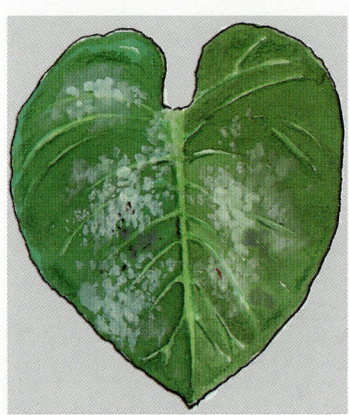

### Echter Mehltau

Der weiße, später schmutzigbraune Belag auf den Blattober- und -unterseiten (bei Falschem Mehltau blattunterseits) wird durch angewehte Pilzsporen verursacht und breitet sich bei zu dicht stehenden Pflanzen rasch aus. Kranke Blätter sofort entfernen und ein Fungizid speziell gegen Echten Mehltau spritzen.

### Blattfleckenkrankheit

Ein schwaches Gewebe ist Ursache für diese Bakterieninfektion. Beste Vorbeugung: Eine ausgeglichene Düngung vor allem mit Kalium. Bei Befall die Pflanze wegen der Ansteckungsgefahr sofort isolieren, notfalls wegwerfen. Bei wertvollen Pflanzen befallene Teile entfernen und vernichten.

### Spinnmilben (Rote Spinne)

Hauptursache für diesen häufigen Schädling ist trockene Heizungsluft. Eine Erhöhung der Luftfeuchte ist die beste Vorbeugung. Bei Befall hilft oft mehrfache Behandlung mit Schmierseifenbrühe. In Gewächshäusern Raubmilben einsetzen.

### Weiße Fliege oder Mottenschildlaus

Ursachen sind Ansteckung durch befallene Pflanzen wie Tomate, Fuchsie oder Gerbera-Schnittblumen oder zu hohe Zimmertemperatur. Bei Befall wiederholt Schmierseifenbrühe anwenden. Oder Gelbtafeln aufhängen.

### Eisenmangel

Entsteht durch kalkreiches Gießwasser. Es bindet das Eisen in der Erde, so daß es für die Pflanze nicht mehr verfügbar ist. Das Ergebnis sind ausgebleichte, gelbliche Blätter mit grünen Adern (Fischgrätmuster). Die Assimilationsflächen sind stark reduziert, da Eisen für die Blattgrünbildung fehlt. Bei den ersten Anzeichen nur noch mit enthärtetem Wasser gießen. Bei starker „Bleichsucht" mit sogenannten Eisenchelaten (zum Beispiel Fetrilon, Sequestren, Gesal Pflanzentonic und andere) oder mit Eisensulfat (Drogerie) gießen.

### Blattläuse

Zu trockene, warme Luft, Durchzug und offene Fenster im Frühjahr begünstigen ihre Ausbreitung. Bei den ersten Anzeichen von Befall hilft Abwaschen, Abduschen oder Entfernen der befallenen Pflanzenteile. Nur im Notfall Insektizid-Stäbchen ins Substrat stecken oder mit einem Insektizid sprühen.

### Magnesiummangel

Das Spurenelement gehört zu den Hauptnährstoffen und ist an der Bildung des Blattgrüns beteiligt. Verdichtete Erde kann die Aufnahme behindern. Beste Vorbeugung sind Umtopfen und Düngen mit einem Voll- oder Mehrnährstoffdünger. Bei Schäden Magnesiumnitrat oder -sulfat ins Gießwasser geben.

# A

## Abbrausen

Um die Blätter der Pflanzen gründlich zu reinigen und Befall mit Schädlingen vorzubeugen, kann man die Grünpflanzen vor allem im Winter alle 4 – 8 Wochen in die Badewanne stellen und mit feinem Strahl ohne Druck lauwarm abbrausen. Dabei das Substrat mit Plastik- oder Alufolie abdecken. Nach dem Abbrausen sofort abschütteln, sonst gibt es Kalkflecken auf den Blättern.

## Abhärten

Pflanzen vertragen keine krassen Temperaturunterschiede. Neu gekaufte Gewächse also nicht sofort ins geheizte Zimmer stellen. Beim Sommeraufenthalt im Freien zuerst in den Schatten und erst später an einen passenden Platz stellen. Im Herbst rechtzeitig – spätestens im September – wieder ins Zimmer bringen, sonst ist der Unterschied zwischen den kühlen Herbstnächten und dem geheizten Raum zu groß.

◁ *Frisches Grün für leere Wände.*
*Asparagus können sehr groß, und damit auch sehr dekorativ werden.*

## Abmoosen

Vermehrungsmethode, die besonders bei Pflanzen mit dickem, verholztem Stamm (Gummibaum, Philodendron, Fensterblatt) angewendet wird.

## Absenker

Bewurzelte Jungpflanzen aus vorjährigen Seitentrieben, die in einem Bogen zur Erde gesenkt und von dort wieder nach oben gerichtet werden. Die Bewurzelung erfolgt an der Umbiegestelle. Danach trennt man den Absenker von der Mutterpflanze.

## Alkalisch

Ein alkalisches Substrat hat einen pH-Wert von über 7,5, die Pflanze kann aus einem solchen Substrat nur schlecht Nahrung aufnehmen. Alkalische Substrate entstehen vor allem beim Gießen mit kalkhaltigem Wasser.

## Art

→ Pflanzennamen, Seite 41.

## Assimilation

Aufbau körpereigener organischer Stoffe (Zucker) aus anorganischen Stoffen (Kohlendioxid). Von lateinisch assimilare = angleichen. Dieser Vorgang wird auch Photosynthese genannt (griechisch: photos = Licht, synthesis = Aufbau). Dabei nehmen die Blätter mit ihren mikroskopisch kleinen Spaltöffnungen Kohlendioxid aus der Luft auf, verwandeln es mit Hilfe von Licht, Chlorophyll und Wasser in Kohlenhydrate (Zucker) und geben den für alle Lebewesen notwendigen Sauerstoff frei. Nachts wird ein Teil des Zuckers unter Sauerstoffverbrauch abgebaut. Dieser Prozeß wird Dissimilation oder Atmung genannt. Verläuft die Atmung intensiver als die Assimilation, kann die Pflanze ihre Blätter verlieren und eingehen. Umgekehrt können Blattverluste durch Schädlinge oder Krankheiten die Assimilationsflächen so verringern, daß die Pflanze »verhungert«.

## Atmung

→ Dissimilation, Seite 35.

## Aufsitzerpflanzen

→ Epiphyten, Seite 36.

## Auge

Eine schlafende Blattknospe (oder Blattknoten), die (der) rund oder oval geformt und in die Rinde eingebettet ist, meist hinter einem Blattstiel. Beim Ausputzen diese Augen nicht beschädigen.

## Ausblühungen

Verkalkung, Versalzung und Moosbeläge, die sich außen an Tontöpfen bilden, wenn das Substrat zu kalkhaltig ist und wenn zu oft gegossen wird. Man kann sie mit einer Mischung aus Salz und Essigwasser entfernen.

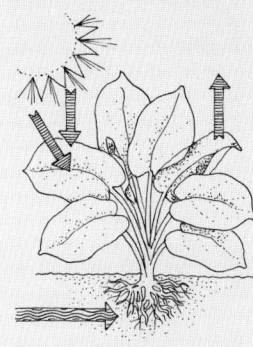

*Assimilation.*
*In diesem Vorgang produziert die Pflanze Nährstoffe und Sauerstoff. Sie braucht dazu Licht, Wärme und das in den Blättern eingelagerte Chlorophyll.*

*Aussaat.*
*Sie ist am erfolgreichsten bei Bodenwärme und gleichmäßig feuchter Erde. Darum: Wärmeplatte unterlegen und Verdunstung durch Abdecken verhindern.*

### Ausläufer
Lange Wurzeln, die unter oder über der Erde von der bewurzelten Pflanze abgehen und an denen sich Jungpflanzen oder neue Wurzeln bilden.

### Ausputzen
Verwelkte Blätter müssen regelmäßig entfernt, abgestorbene Triebe abgeschnitten werden, so verhindert man Krankheiten, vor allem den Befall mit Pilzen.

### Aussaat
Vermehrung mit Samen, die in der Regel in flachen Schalen auf nährstoffarme Erde gelegt und dünn mit Substrat oder Sand bedeckt werden. Damit die Keimung klappt, müssen diese Schalen sehr warm stehen, also auf dem Heizkörper oder auf speziellen beheizten Platten. Abdecken mit durchsichtiger Folie oder einer Glasplatte schafft günstiges Treibhausklima.

# B

### Bakterie
Einzellige Mikroorganismen, die sich durch Spaltung vermehren. Pflanzennützliche Bakterien verarbeiten Bodenbestandteile zu Humus. Schädliche Bakterien verursachen pflanzenspezifische Krankheiten (Blattfleckenkrankheit, Stengelfäule), die sehr ansteckend sind.

Befallene Pflanzen absondern oder vernichten.

### Ballentrockenheit
Ist das Substrat so ausgetrocknet, daß Gießwasser nicht mehr aufgenommen wird, sondern durchläuft, spricht man von Ballentrockenheit. Empfindliche Pflanzen erholen sich von Trockenschäden nicht mehr. Deshalb immer auf ausreichende Substratfeuchtigkeit achten. Im Notfall tauchen.

### Bewurzelungspulver
Hormonhaltiges Pulver, das die Wurzelbildung bei Stecklingen anregt. Die Schnittstelle wird vor dem Stecken in das Aussaatsubstrat kurz in das Bewurzelungspulver getaucht. Funktioniert nicht bei Bewurzelung im Wasser.

### Biologischer Pflanzenschutz
Unter diesem Oberbegriff faßt man alle Methoden und Mittel zusammen, die den Einsatz chemischer Pflanzenschutzmittel ausschließen: Mechanische Bekämpfung durch Abstreifen oder Abwaschen der Schädlinge, Abschneiden befallener Triebe, Besprühen mit Seifen-, Nikotin- oder Spirituslösung. Dazu gehört ebenso der Einsatz von Nützlingen im Wintergarten und die Vorbeugung durch optimale Pflege, die Schädlingsbefall gar nicht erst auftreten läßt.

### Blähton
Tonkügelchen, die bei der Hydrokultur verwendet werden. In wassergefüllte Schalen unter Pflanzentöpfe gestellt, dienen sie der Luftbefeuchtung. Die Tonkügelchen sind bei hoher Temperatur gebrannt und haben viele luftgefüllte Poren, mit denen sie Feuchtigkeit aufnehmen und langsam wieder abgeben können.

### Blasenfuß
→ Thripse, Seite 45.

### Blattälchen
Winzige farblose, wurmähnliche Schädlinge, die sich in Blätter und Stengel bohren und von Pflanzensaft ernähren. Die Blätter bekommen gelbe bis schwarze Flecken zwischen den Adern.

### Blattknoten
→ Auge, Seite 33.

### Blattläuse
Schwarze oder grüne runde Läuse, die sich in dichten Kolonien vor allem an Jungtrieben ansiedeln. Die Läuse saugen die Zellsäfte aus und entleeren dabei einen Giftspeichel in die Zellen. Die Folge: Die Blätter rollen sich ein und fallen ab, Triebe und Blütenstände krümmen sich und verkümmern. Blattläuse scheiden Honigtau aus, auf dem sich bald Rostpilze ansiedeln. Sie sind auch Überträger gefährlicher Viruskrank-

heiten. Ins Zimmer werden sie meist durch Pflanzen eingeschleppt, die im Garten oder auf dem Balkon standen.

## Blattnerven
Auch Blattadern genannt. Das sichtbare Leitungssystem in den Blättern, durch das diese mit Wasser und Nahrung versorgt werden. Blattnerven laufen netzartig, parallel oder fiederförmig.

## Blattsteckling
Für die Vermehrung abgeschnittenes Blatt oder Teil davon. Bei Sansevierien zum Beispiel teilt man ein Blatt in mehrere Stücke und steckt diese mit der Unterseite in nährstoffarmes Substrat. Bei Blattbegonien wird ein ganzes Blatt mit angeritzten Blattnerven auf das Substrat gelegt und beschwert. Die Jungpflanzen wachsen aus den Ritzstellen.

## Blattzeichnung
Bunte Streifen, Flecken, Muster, Ränder, die vor allem Grünpflanzen besonders dekorativ machen.

## Bluten
Wenn Pflanzen in Stengeln Milchsaft enthalten, laufen davon beim Schneiden eines Triebes oder Blattes einige Tropfen aus. Vorsicht: Dieser Saft kann giftig oder hautreizend sein.

## Bodendecker
Pflanzen, die kriechend wachsen und dicht beblättert sind. Sie können als Unterpflanzung unter Zimmerbäume gesetzt werden, aber müssen genügend Licht haben.

## Bodenpilze
Organismen, die sich auf oder im Boden ansiedeln, vor allem wenn das Substrat zu feucht und zu kalt ist. Bei starkem Befall faulen die Wurzeln, die Pflanze geht ein. Vorbeugen durch gut durchlüftete, nicht zu nasse Substrate, öfteres Begießen mit Schachtelhalmtee. Bekämpfung mit Fungiziden im Zimmer selten erfolgreich.

## Brutpflänzchen
Manche Pflanzen bilden auf oder an Blatträndern winzige komplette Jungpflanzen aus, die bei Bodenberührung anwurzeln und zur Vermehrung benützt werden können.

# C

## Chemische Pflanzenschutzmittel
Präparate mit chemischen Wirkstoffen. Dürfen in der Bundesrepublik nur in den Handel gebracht werden, wenn sie den Bestimmungen des Pflanzenschutzgesetzes genügen und sind je nach Wirkstoff

unterschiedlich giftig. Man unterscheidet: Pilzbekämpfungsmittel (Fungizide), Insektenmittel (Insektizide), Milbenpräparate (Akarizide).

## Chlorophyll
Blattgrün (griechisch: chloros = grün und phyllon = Blatt). Ist maßgeblich an der Assimilation beteiligt. Tritt als sogenannter Plastidenfarbstoff in grün- oder blaugelber Mischung auf und sitzt in Blättern, Nadeln und anderen grünen Pflanzenteilen.

## Chlorose
Mangelerscheinung, die Blätter werden blaß, später gelb. Verursacht durch zu kühles, zu kalkhaltiges Wasser, die Pflanze kann Eisen und Magnesium nicht mehr aufnehmen. Abhilfe: Mit Spezialmitteln, sogenannten Eisenchelaten, oder Eisensulfatlösung mehrmals im Abstand von 8 Tagen gießen. Eventuell in neues, lockeres Substrat umtopfen.

# D

## Dissimilation
Abbauprozeß in der Pflanze, bei dem Sauerstoff verbraucht wird (→ auch Assimilation, Seite 33).

## Drainage
Maßnahme zur Entwässerung und Ableitung von

*Brutpflänzchen.*
*Manche Grünpflanzen, zum Beispiel die Tolmiea, bilden winzige Jungpflanzen auf den Blättern aus. Zur Vermehrung wird einfach das Blatt mit dem Brutpflänzchen auf Anzuchtsubstrat gelegt und mit einem Kieselsteinchen beschwert.*

*Entspitzen.*
*Für buschigen Wuchs sorgt man durch Entspitzen der Jungpflanzen. Dabei wird die Spitze der Triebe mit 3 bis 5 Blättern abgekniffen.*

Wasser. Um bei Topfpflanzen Staunässe zu verhindern, muß das Abflußloch freigehalten werden. Bei kleinen Töpfen genügt eine Scherbe, auf das Abzugsloch gelegt, als Drainage. Bei größeren Töpfen und Kübeln für Zimmerbäume füllt man unten etwa 10 cm groben Kies ein, auf den man ein Vlies legt. Dieses Vlies verhindert, daß das Substrat in die Zwischenräume zwischen den Kieselsteinen gespült wird.

## Dünger

Pflanzennährstoffe, vor allem Stickstoff, Kalium und Phosphor. Da diese in der Erde und Luft nicht in ausreichendem Maße vorhanden sind – im Topf schon gar nicht –, muß man sie den Pflanzen von außen zuführen. Man unterscheidet mineralische, organische und organisch-mineralische Dünger.

# E

## Echter Mehltau

Ein Pilz, der mit weißen, mehligen Flecken Blätter und Stengel überzieht. Die Ursache: feuchte, warme Luft. Als Vorbeugung Pflanzen nicht zu eng stellen und bei Wärme nicht sprühen. Befallene Pflanzenteile entfernen und vernichten. Eventuell mit Fungiziden speziell gegen Echten Mehltau spritzen.

## Einfüttern

Maßnahme zur Erhöhung der Luftfeuchtigkeit im direkten Umfeld einer Pflanze. Hierbei wird der Pflanztopf in einen größeren Übertopf oder in eine Schale eingefüttert, der/die mit feuchtem Torf oder besser mit nassen Blähtonkügelchen gefüllt ist. So kann man auch einige Urlaubstage überbrücken (→ auch Mikroklima, Seite 40).

## Einheitserde

Blumenerde aus Torf und Ton, die für die meisten Grünpflanzen geeignet ist. Beim Kauf auf gute Qualität achten.

## Enthärten

Zu kalkhaltiges Wasser schadet den Pflanzen, weil es das Substrat alkalisch macht und die Aufnahme von Nährstoffen blockiert. Hartes Wasser entweder über Nacht stehenlassen, abkochen oder so entkalken: In die Gießkanne einen Mullbeutel mit Torf hängen, 24 Stunden stehenlassen. Der Beutel kann etwa drei- bis viermal verwendet werden, dann sollten Sie den Torf erneuern.

## Entspitzen

Man kneift bei Jungpflanzen von buschig wachsenden Arten regelmäßig die weichen äußeren Triebspitzen ab. So entwickeln sich mehr und mehr Triebe, die Pflanze wird ansehnlicher.

## Epiphyten

Pflanzen, die in der Natur nicht in der Erde, sondern auf Bäumen wachsen. Im Zimmer werden Epiphyten auf Baumstämmen oder Rinden angesiedelt (Geweihfarn, Tillandsien). Diese Pflanzenarten können nicht auf übliche Weise gegossen oder gedüngt werden. Man taucht sie entweder und gibt den Dünger dem Tauchwasser bei, oder man besprüht sie.

## Erde

Eine der Substrat- oder Pflanzenstofformen. Für Zimmerpflanzen eignen sich Blumenerde, TKS II und verschiedene Spezialsubstrate, zum Beispiel für Kakteen oder Orchideen. Gartenerde ist hier nicht zu gebrauchen, weil sie zu schnell verdichtet und dann wasser- und sauerstoffundurchlässig wird.

# F

## Falscher Mehltau

Pilzerkrankung. An den Unterseiten der Blätter entsteht ein mehliger Belag, an den Oberseiten bilden sich braune Flecken. Wird durch feuchte und kalte Luft begünstigt. Befallene Teile entfernen und eventuell mit Fungiziden behandeln.

**Familie**
→ Pflanzennamen,
Seite 41

**Faserwurzel**
Feinwurzeln, die von den
Hauptwurzeln abgehen
und hauptsächlich der
Nahrungsaufnahme aus
dem Boden dienen.

**Flachwurzler**
Pflanzen mit sich mehr
nach den Seiten verzwei-
genden Wurzeln, die nicht
sehr tief gehen. Können
gut in Schalen gepflanzt
werden.

**Fungizid**
Mittel zur Bekämpfung
von Pilzkrankheiten an
Pflanzenteilen und im
Boden. Immer spezifische
Mittel anwenden, nur
dann ist ein Erfolg zu
erzielen.

# G

**Gattung**
→ Pflanzennamen,
Seite 41.

**Gegenständig**
Bezeichnung für Blätter,
die sich am Trieb genau
gegenüberstehen
(Buntnessel, Kanonier-
blume).

**Geschlossenes Blumen-
fenster**
Tropenpflanzen, die sehr
hohe Ansprüche an
Wärme und Luftfeuchtig-
keit stellen, gedeihen am
besten im geschlossenen
Blumenfenster. Dieses ist
fast wie ein Gewächs-
haus: Mit einer verschieb-
baren Glasscheibe vom
Raum getrennt, mit einem
Luftbefeuchter und den
entsprechenden Leuchten
ausgestattet. Ein ge-
schlossenes Blumen-
fenster kann man auch in
einer Pflanzenvitrine
einrichten.

**Gespannte Luft**
Stecklinge aller Art
bewurzeln sich in der
Regel besser in gespannter
Luft. Sie wird unter
einer durchsichtigen
Plastiktüte oder einem
großen Einmachglas
erzeugt: Die Plastiktüte
zieht man über zwei
gebogene, gekreuzte
Drähte, die im Substrat
stecken. Am Topfrand
wird die Tüte zusammen-
gebunden. Das Einmach-
glas wird innerhalb des
Topfrandes über den
Steckling gestülpt. Bei
Samen: Bis zur Keimung
Glasscheibe auf die
Anzuchtschale legen oder
Folie darüberspannen.
Wichtig: Auf Pilzbefall
achten, mehrfaches
Lüften kann ihn verhin-
dern.

**Gießrand**
Wird angelegt, damit das
Gießwasser aus einem gut
gefüllten Topf nicht
herausgeschwemmt wird.
Die Rinne verhindert
auch, daß Wasser und
Dünger direkt an die
Stengel fließen und
Stengelfäule verursachen.

**Giftpflanzen**
Einige Zimmerpflanzen
enthalten Giftstoffe, die
für Mensch und Tier
schlecht verträglich sind
(Dieffenbachie). Auch die
austretenden Pflanzen-
säfte können giftig sein
(*Euphorbia tirucalli*).
Einige Stoffe in Zimmer-
pflanzen sind an sich nicht
giftig, können aber
Allergien auslösen. Wenn
eine solche Allergie bei
einem Familienmitglied
besteht, sollte man auf
diese spezielle Pflanzenart
verzichten.

**Grauschimmel**
Grauschimmel oder
Botrytis befällt vor allem
weiche, schwammige
Pflanzenteile, wie sie
durch zu üppige Stickstoff-
düngung entstehen.
Wenn man dann noch auf
diese Pflanzenteile –
Blätter und Stengel –
gießt, kann der graue
Schimmelbelag schnell
auftreten. Er ist an-
steckend, darum muß
man befallene Pflanzen
isolieren, gegebenenfalls
vernichten. Vorbeugend
Dünge- und Gießregeln
genau einhalten.

**Guttation**
Bei hoher Luftfeuchtigkeit
und guter Wasserversor-
gung scheiden Blattpflan-
zen manchmal wasser-
klare Tropfen von Flüssigkeit an den Blattspitzen
aus – das ist einfach der
Überschuß. Achtung:
Diese Flüssigkeit kann
vom Glas eines Fensters
nur sehr schwer wieder
entfernt werden.

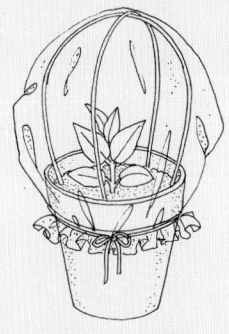

*Gespannte Luft.*
*Hier handelt es sich um*
*ein Treibhausklima, in*
*dem viele Stecklinge*
*besonders gut gedeihen.*
*Gespannte Luft schafft*
*man, indem man eine*
*Plastiktüte auf zwei*
*gebogenen Drähten über*
*den Topf stülpt und*
*zubindet.*

# H

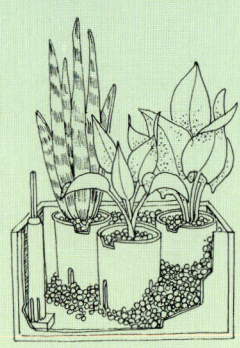

*Hydrokultur.*
*Große Pflanzengemein-*
*schaften, wie man sie in*
*öffentlichen Gebäuden*
*sieht, sind einfacher in*
*Hydrokultur zu pflegen.*
*Jede Pflanze wird in*
*einem eigenen Pflanz-*
*gefäß in Blähton einge-*
*füttert.*

### Härtegrad
Anteile von Magnesium-
und Kalziumverbindungen
im Gießwasser. Wird in
°dH gemessen, das heißt
Grad Deutsche Härte. Die
örtlichen Wasserwerke
geben über die Härte-
grade Auskunft. Für die
Pflege von Zimmerpflan-
zen ist diese Information
wichtig, denn fast alle
Pflanzen vertragen sehr
hartes Wasser nicht.
0 bis 4 °dH = sehr weiches
Wasser
4 bis 8 °dH = weiches
Wasser
8 bis 12 °dH = mittelhartes
Wasser
12 bis 18 °dH = ziemliches
hartes Wasser
18 bis 30 °dH = sehr hartes
Wasser.

### Honigtau
Zuckerhaltiger Verdau-
ungssaft, den Blattläuse
und Schildläuse abson-
dern, und der die Blätter
mit einer klebrigen Schicht
überzieht. Auf diesem Saft
siedeln sich schnell
Rußpilze an, außerdem
verstopft er die Poren der
Blätter, die ja eine
lebenserhaltende
Funktion haben. Deshalb:
Bei Befall nicht nur die
Schädlinge bekämpfen,
sondern auch den Blatt-
belag abwaschen oder
abduschen.

### Humus
Nährstoffreiche Erde, die
aus verrotteten und von
Bodenlebewesen verarbei-
teten pflanzlichen und
tierischen Substanzen
besteht. Das beste
Substrat für Pflanzen steht
aber im Topf nicht in der
Qualität wie im Freien zur
Verfügung.

### Hybride
Pflanzen, die aus der
Kreuzung zweier Arten
oder verschiedener
Gattungen hervorgegan-
gen sind. Das Ziel solcher
Kreuzungen: Besonders
hervorstechende Merk-
male beider kommen voll
zum Tragen, nicht nur
optisch, sondern auch in
der Resistenz gegen
Krankheiten und Schädlin-
ge. Hybriden, genauer
Arthybriden, werden mit
einem x vor dem Art-
namen gekennzeichnet.
Bei Gattungshybriden
steht das x vor dem
Gattungsnamen.

### Hydrokultur
Kultur von Zimmerpflan-
zen ohne Erde. Besonders
geeignet für Großpflan-
zen, Pflanzengemein-
schaften in großen
Pflanzgefäßen (Büros,
Eingangshalle usw.) und
für Pflanzenfreunde, die
sich die Pflanzenhaltung
gerne leicht machen.

### Hygrometer
Meßgerät für die Luft-
feuchtigkeit im Raum
beziehungsweise im
geschlossenen Blumen-
fenster. Die meisten
Pflanzen fühlen sich bei
einer Luftfeuchtigkeit von
50 bis 70 % wohl. Im
geschlossenen Blumen-
fenster kann die Luft-
feuchtigkeit – je nachdem,
welche Pflanzen man
darin hält – sehr viel höher
sein, bis 90 %.

# I

### Immergrüne
Pflanzen, die im Herbst
nicht das gesamte Laub,
sondern nur zwei- bis
dreijährige Blätter im
Winter abwerfen. Fast alle
Grünpflanzen, die man im
Zimmer hält, sind immer-
grün.

### Insektizide
→ Pflanzenschutzmittel,
Seite 41.

### Ionenaustauscher
An Kunstharz gebundene
Nährstoffe, die nur bei der
Hydrokultur eingesetzt
werden. Das Kunstharz
gibt die Nährstoffe im
Austausch gegen im
Wasser vorhandene
Mineralstoffe, vorwiegend
Kalzium, ab. Deshalb ist
der Einsatz eines Ionen-
austauschers nur bei
Wasserhärten ab 0 °dH
sinnvoll. Destilliertes
Wasser oder Regenwasser
löst die Nährstoffe nicht.
Ionenaustauscher mit
dem Wirkstoff Lewatit HD
5 gibt es als Granulat, aber
auch als sogenannte
»Düngebatterie« in
flachen Kunststoffbehäl-
tern, die unter den
Kulturtopf gelegt werden.
Die Düngewirkung hält
etwa sechs Monate an.

# K

### Kakteendünger
Spezieller Dünger für Kakteen, Dickblatt-gewächse und andere Sukkulenten. Er enthält weniger Stickstoff als normaler Blumendünger.

### Kalkfeindlich
Die meisten Grünpflanzen vertragen keinen Kalk. Gießwasser muß also enthärtet werden. Dies gilt besonders für Farne.

### Kalkliebend
Einige wenige Pflanzen-arten brauchen Kalk. Dazu gehören Sansevierie und Zierspargel.

### Kallusbildung
Gewebebildung durch Verwundung, zum Beispiel durch Schnitt (→ auch Bewurzelungspulver, Seite 34).

### Kindel
Zur Vermehrung verwend-bare Seitensprosse, zum Beispiel bei Grünlilie und Bromeliengewächsen.

### Kletterpflanzen
Grünpflanzen mit langen Trieben, die sich entweder mit Haftwurzeln (Efeu), Schlingtrieben (Kapwein) oder mit Ranken (Passions-blume) an Stützen oder glatten Flächen festhalten können. Im Zimmer zieht man sie an einem Gerüst oder Spalier, läßt sie an die Decke klettern oder verwendet sie als Ampel-pflanzen.

### Kopfdüngung
Regelmäßige Düngung einer eingetopften Pflanze während ihrer Wachs-tumszeit – im Gegensatz zur Vorrats- oder Grund-düngung beim Eintopfen, wenn die Nährstoffe in das Substrat eingearbeitet werden.

### Kopfsteckling
Triebspitze, die zur Ver-mehrung einer Pflanze abgenommen wird.

### Krautig
Pflanzenteil, der weich, nicht verholzt ist.

### Kunstdünger
→ Dünger, Seite 36.

### Kunstlicht
Wenn Pflanzen oder ganze Pflanzengruppen mitten im Zimmer oder gar in einer dunklen Ecke stehen, brauchen sie künstliches Licht. Es gibt spezielle Pflanzenleuchten zu kaufen, deren Licht auf die Bedürfnisse von Pflanzen zugeschnitten ist. In Gartenbaubetrieben hat man aber heraus-gefunden, daß auch Leuchtstofflampen mit den Lichtfarben 22, 25, 32, 33 und 36 ebenso effektiv sind. Allerdings müssen diese Lichtquellen in Lampen mit Reflektoren eingesetzt werden, denn Pflanzen brauchen gezielte Beleuchtung.

# L

### Läuse
Blattsaugende Pflanzen-schädlinge: Dazu gehören Blattläuse, Schildläuse, Schmierläuse, Wolläuse, Wurzelläuse.

### Lehm
Bodenart, die aus einem Gemenge von Sand, Schluff und Ton besteht. In den meisten Einheits-erden ist ein bestimmter Ton- oder Lehmanteil enthalten. Wenn aber Pflanzen mehr brauchen, weil sie gerne feuchter stehen oder einfach, damit das Substrat schwerer wird (Zimmer-bäume), kann man ihn der Einheitserde fein zerkrü-melt zumischen. Man bekommt Lehm in Lehm- oder Tongruben. Lehm-haltige Erde kann man gelegentlich auch einem frisch aufgeworfenen Maulwurfshügel ent-nehmen.

### Leitungswasser
Ist im Gegensatz zum Regenwasser sehr oft kalkhaltig und muß enthärtet werden. Leitungswasser ist auch immer zu kalt für Zimmer-pflanzen. Man läßt es deshalb entweder so lange stehen, bis es Zimmertemperatur angenommen hat, oder man mischt es mit etwas warmem Wasser.

### Lüften
Wichtig für alle Pflanzen im Zimmer, auch bei

*Kunstlicht.*
*Pflanzenleuchten können ohne weiteres durch Leuchtstofflampen mit den richtigen Lichtfarben ersetzt werden. Reflekto-ren sorgen dafür, daß das Licht gezielt auf die Pflanze fällt.*

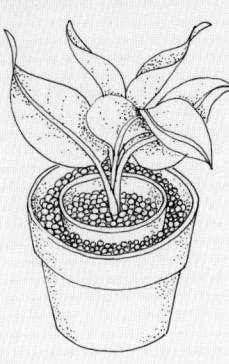

*Mikroklima.*
*Pflanzen, die eine hohe Luftfeuchte brauchen, füttert man in einen zweiten Topf ein, der mit nassem Blähton oder mit nassem Torf gefüllt ist. Das Füllmaterial gibt dann kontinuierlich Feuchte an die Umgebung ab.*

solchen, die in einem kühlen Raum Winterruhe halten. Dabei aber darauf achten, daß die Pflanzen keine Zugluft bekommen (bei gekippten Fenstern passiert das schnell), und daß bei Frost nicht ein Schwall eisiger Kälte plötzlich direkt auf die Pflanzen trifft.

## Luftfeuchtigkeit
Prozentualer Anteil der Wasserdampfmoleküle in der Luft. 0% = absolut trocken, 100% = wasserdampfgesättigter Nebel. Grünpflanzen benötigen je nach Herkunft zwischen 50 und 70%. Heizungsluft ist immer zu trocken, mit verschiedenen Techniken (Luftbefeuchter, Einfüttern in Torf oder Blähton, Besprühen) kann man den Pflanzen die notwendige Luftfeuchtigkeit zuführen.

## Luftwurzeln
Oberirdisch entstehende Wurzeln, die verschiedene Aufgaben übernehmen können. Manche Pflanzen, zum Beispiel Philodendron, Fensterblatt, bilden an den Stengeln spezielle Luftwurzeln, die Feuchtigkeit aus der Luft aufnehmen und als Kletterhilfe dienen. Diese Luftwurzeln niemals abschneiden.

# M

## Mangelkrankheiten
Krankheitserscheinungen, die bei einem Mangel an Nährstoffen, etwa Stickstoff, Eisen oder Magnesium, auftreten. Sie können bei rechtzeitigem Erkennen durch spezielle Düngung behoben werden. Ursache können falscher Dünger, zuwenig Dünger oder verdichtetes Substrat sein.

## Mehltau
→ Echter Mehltau und Falscher Mehltau, Seite 36.

## Mikroklima
Kleinklima, das bei der Zimmerpflanzenkultur durch verschiedene Maßnahmen der Luftbefeuchtung entsteht, zum Beispiel durch Einfüttern der Pflanzen in feucht gehaltenen Blähton.

## Milben
Gefürchtete Pflanzenschädlinge. Die Spinnmilbe (auch Rote Spinne genannt) ist die bekannteste. Sie bevorzugt warme, trockene Luft und kann praktisch alle Zimmerpflanzen befallen. Meist erkennt man einen Befall erst, wenn sich an Blättern und in Blattachseln weißliche Gespinste zeigen, denn die winzigen Insekten sind mit bloßem Auge kaum zu entdecken. Bei geringem Befall hilft ein Tauchbad der ganzen Pflanze, die man anschließend für

mehrere Stunden in eine fest geschlossene Plastiktüte steckt. Bei starkem Befall muß mit einem speziellen Akarizid genau nach Vorschrift mehrmals im Abstand von einer Woche gespritzt werden. Weichhautmilben treten vor allem im geschlossenen Blumenfenster auf. Auch sie sind mit bloßem Auge nicht zu sehen, verkrüppelte verfärbte Triebe und Blätter können ein Anzeichen sein. Abwehrmittel gibt es nicht, die Pflanzen müssen kühl gestellt werden.

## Mineraldünger
→ Dünger, Seite 36.

## Minis
Künstlich durch wenig Substrat und manchmal auch wuchshemmende Hormone kleingehaltene Zimmerpflanzen. Sie müssen tropfenweise, dafür aber täglich gegossen werden, auch die Düngung darf nur in winzigen Dosierungen gegeben werden. Wenn man Minis in einen großen Topf pflanzt, wachsen sie manchmal zu normal großen Pflanzen heran – aber nur manchmal.

## Moosbildung
Wenn das Substrat stark verdichtet ist, bildet sich auf der Erdoberfläche ein Moosrasen, der den Luftaustausch behindert. Die Moosschicht sollte entfernt, das Substrat mit einer Gabel oder einem Stöckchen sorgsam

aufgelockert werden, ohne die Wurzeln zu beschädigen. Besser ist, das Substrat zu erneuern.

## Moosstab

Pflanzen mit Luftwurzeln halten sich gerne an einem Moosstab fest. Diesen kann man im Blumenladen kaufen, aber auch selber machen: Ein Stück Drahtgeflecht (Kükendraht) um eine Papprolle drehen und zusammenbinden. Pappe herausziehen, jetzt ist ein Rohr aus Drahtgeflecht entstanden. In dieses Rohr zwei Bambusstäbe kreuzweise stecken, dann das Rohr mit Moos (gibt es im Blumenfachhandel) füllen. Den Moosstab in den (nicht zu kleinen) Topf stecken, daneben die Pflanze topfen. Das Moos muß regelmäßig besprüht werden, weil die Luftwurzeln ja Feuchtigkeit von ihm aufnehmen wollen.

## Mottenschildläuse
→ Weiße Fliege, Seite 47.

## Mutation

Spontane oder künstlich erzeugte Veränderung im Erbgefüge, von lateinisch mutare = verändern. Kann bei Pflanzen zu neuen Blattfarben, -formen oder -mustern führen. Der Erwerbsgärtner testet diese »Neuerscheinungen« und vermehrt sie, wenn sie sich als attraktiv und kulturwürdig erweisen.

## Mutterpflanze

Pflanze, von der Stecklinge oder Kindel abgenommen werden.

# N

## Nährstoffe
→ Dünger, Seite 36.

## Nährstoffmangel
→ Mangelkrankheiten, Seite 40.

# O

## Organischer Dünger
→ Dünger, Seite 36.

# P

## Palmentopf

Pflanzgefäß, das höher und schmaler ist als üblich. Palmen schieben nämlich ihren Wurzelballen nach einiger Zeit aus einem normalen Topf heraus.

## Panaschierung

Bezeichnung für gestreifte oder gefleckte Blätter. Pflanzen mit panaschierten Blättern müssen hell stehen, an dunklen Plätzen können die Blätter vergrünen (→ auch Chlorophyll, Seite 35). Triebstecklinge von Pflanzen mit panaschierten Blättern werden oft grün.

## Pestizide

Oberbegriff für alle chemischen Pflanzenschutzmittel gegen Krankheiten, Schädlinge und Unkraut.

## Pflanzennamen

Pflanzen werden in einem botanischen System anhand bestimmter Merkmale einander zugeordnet, damit man sie richtig bestimmen kann. Die erste Gruppe ist die Ordnung, die nächste die Familie. Die Familie wiederum besteht aus mehreren Gattungen, eine Gattung aus mehreren Arten, von einer Art kann es eine oder mehrere Sorten geben. Am Beispiel der weißpanaschierten Birkenfeige:
Familie: *Moraceae*,
Gattung: *Ficus*,
Art: *benjamina*,
Sorte: *'Variegata'*.

## Pflanzenschutzamt

In den meisten Kreisstädten gibt es ein Pflanzenschutzamt, wo auch Zimmergärtner, die Probleme mit Pflanzenkrankheiten und Schädlingen haben, kostenlos beraten werden.

## Pflanzenschutzmittel

Alle Mittel, mit denen man Krankheiten und Schädlinge bekämpfen kann. Man unterscheidet grob chemische und biologische Pflanzenschutzmittel.

## Photosynthese
→ Assimilation, Seite 33.

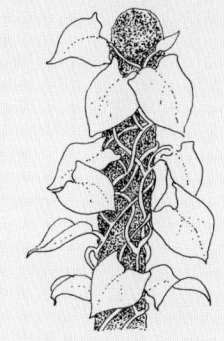

*Moosstab.*
*Mit ihren Luftwurzeln können sich Monstera, Philodendron und andere große Grünpflanzen an einem Moosstab festhalten und aus dem feuchten Moos gleichzeitig Wasser entnehmen.*

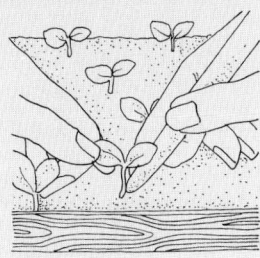

*Pikieren.*
*Nach dem Aufgehen der Saat werden die Sämlinge pikiert. Verwenden Sie ein Pikierholz dazu. So werden die zarten Wurzeln nicht beschädigt.*

### pH-Wert
Ob ein Substrat alkalisch, sauer oder neutral ist, kann man durch die Messung des pH-Wertes feststellen. Eine Handvoll Substrat in Wasser gut verrühren und mit einem Indikationsstäbchen messen. Werte: Alkalisch: über 7,5. Neutral: 7,5 bis 6,5. Sauer: unter 6,5. Fast alle Zimmerpflanzen fühlen sich bei einem Wert zwischen 5,5 und 6,5 am wohlsten und können die Nährstoffe am besten verwerten.

### Pikieren
Vereinzeln von Sämlingen, damit ihre Wurzeln mehr Platz finden.

### Pilzkrankheiten
Dazu gehören der Echte und der Falsche Mehltau, Grauschimmel (Botrytis), Bodenpilze und Wurzelfäule. Pilzkrankheiten sind ansteckend, befallene Pflanze deshalb isolieren, bei starkem Befall vernichten.

### Poren
Alle Blätter haben Poren oder Spalten (Stomata), mit denen sie einerseits die für die Photosynthese notwendigen Bestandteile aus der Luft aufnehmen, andererseits auch Feuchtigkeit verdunsten.

### Pyrethrum
Natürliches Insektizid aus Chrysanthemenarten, das bienenungefährlich ist und schnell abgebaut wird. Gilt als ungiftig für Menschen und Säugetiere, da es über den Magen und die gesunde Haut schlecht aufgenommen wird. Wirkt aber nach neuesten Erkenntnissen äußerst giftig, wenn es das Nervensystem unmittelbar über das Blut erreicht. Vorsicht bei Verletzungen und Erkrankungen der Haut, vor allem bei Allergien! Nur mit Handschuhen und bei Windstille sprühen. Noch bedenklicher: Insektizide mit Pyrethroiden, das ist synthetisch nachgebautes Pyrethrum.

# R

### Ranken
Klammerorgane bei Kletterpflanzen. Man unterscheidet Ranken, das sind umgewandelte Blätter, und Sproßranken, das sind umgebildete Stengel. Die meisten Ranken winden sich nach links.

### Regen
Außer in Gebieten mit extrem verschmutzter Luft sollten Sie bei Regenwetter alle Zimmerpflanzen einige Stunden nach draußen in den Regen stellen. Das reinigt und befeuchtet die Pflanzen besser als Duschen und Sprühen, das Regenwasser hinterläßt auch keine Kalkflecken auf den Blättern. Auch Pflanzen mit behaarten Blättern bekommt der Aufenthalt im Regen gut.

### Resistenz
Durch gezielte Züchtung werden Pflanzen resistent gegen bestimmte Krankheiten, sind also weniger oder überhaupt nicht anfällig.

### Rhizom
Dicke, fleischige Sproßachse, die meist waagerecht wächst, nach oben Triebe und nach unten Wurzeln bildet. Rhizompflanzen können leicht durch Teilung vermehrt werden.

### Rosette
Sproß mit gestauchten Blattabständen und daher sehr dicht stehenden, meist kreisförmig angeordneten Blättern (Bromelien).

### Rostpilze
An der Unterseite der Blätter bilden sich rostbraune kleine Sporenhäufchen, die nach oben durchbrechen und das Blatt zerstören. Befallene Pflanzenteile müssen vernichtet werden, den Rest der Pflanze mit Fungizid vorbeugend behandeln.

### Rückschnitt
Dient der Verjüngung, besseren Verzweigung oder einer bestimmten Formgebung. Man schneidet dabei die Triebe bis zur Hälfte zurück. Die beste Zeit ist das zeitige Frühjahr vor dem Austrieb oder – bei Pflanzen, die eine Ruhezeit einhalten – auch der Herbst.

### Ruhezeit
Alle Pflanzen halten eine Ruhezeit ein, in der sie nicht weiterwachsen, keine neuen Triebe und Blätter bilden. Bei den meisten Zimmerpflanzen ist dies die Zeit zwischen Oktober und März. Dann werden sie weniger gegossen und sehr sparsam gedüngt, viele Pflanzen wollen in dieser Zeit auch kühler stehen.

### Rußtau
Schwarzer Belag auf Blättern und anderen Pflanzenteilen. Wird durch Pilze hervorgerufen und ist eine Folge von Honigtaubildung durch Blatt- oder Schildläuse. Muß abgewaschen werden.

# S

### Salz
Bezeichnung für die Mineralsalze im Dünger. Durch Überdüngung, Bodenverdichtung und kalkhaltiges Gießwasser können sich Salze anreichern und die Pflanzenwurzeln schädigen.

### Sämling
Aus Samen gezogene Jungpflanze.

### Saugschuppen
Pflanzenorgane, die, bildlich gesehen, wie Tausende von Zungen Feuchtigkeit und Nährstoffe aus der Luft auf-

fangen. Kommen bei Bromeliengewächsen vor. Graue Tillandsien, die zu dieser Familie gehören, sind damit ganz bedeckt und können daher durch Sprühen gegossen und gedüngt werden.

### Schattierung
Am Südfenster müssen auch sonnenliebende Pflanzen im Sommer vor Verbrennung geschützt werden. Es gibt mehrere Möglichkeiten, von der Jalousie über einen dünnen Vorhang bis hin zu einer Zeitung, die während der Mittagszeit zwischen Glasscheibe und Pflanze gestellt wird.

### Schildläuse
Saugende Insekten, die unter einem runden, braunen Schild fest an der Unterseite der Blätter sitzen und Honigtau absondern. Bei geringem Befall kann man die einzelnen Tiere mit einem Stäbchen von den Blättern abkratzen, bei starkem hilft nur paraffinhaltiges Blattglanzmittel, das man unter die Blätter sprüht. Die Insekten ersticken dann. Nach einigen Tagen sollte man das Mittel abduschen oder abregnen lassen, sonst verstopfen die Poren zu lange.

### Schmierläuse
Auch Wolläuse genannt, sind enge Verwandte der Schildläuse. Sie sitzen aber nicht unter Schilden, sondern in kleinen, weißen »Wattebäusch-

chen«. Bekämpfung wie Schildläuse.

### Schnecken
Sie sind nur im Sommerquartier eine Gefahr für die Zimmerpflanzen. Dann aber können in einer Nacht ganze Pflanzen radikal aufgefressen werden. Stellen Sie deshalb die Zimmerpflanzen im Garten nicht auf die Erde, sondern an einen erhöhten Platz, den die Schnecken nicht erreichen können.

### Schößling
So nennt man Jungpflanzen, die direkt neben der Mutterpflanze aus der Erde wachsen. Im Grunde sind es Kindeln an sehr kurzen Ausläufern.

### Seifenlösung
Gegen Schadinsekten hilft oft schon ein altes Hausmittel, die Seifen-Spirituslösung: Auf 1 l warmes Wasser gibt man 1 Eßlöffel Schmierseife und 1 Teelöffel Spiritus. Die Pflanze wird – im Freien, nicht im Zimmer – mit dem Mittel gründlich eingesprüht und nach 2 bis 3 Stunden wieder mit klarem Wasser abgebraust. Achtung: Beim Sprühen mit Spiritus-Seifenlösung nicht rauchen!

### Sonnenbrand
Über die Mittagszeit am Südfenster und im Sommer im Freien können Grünpflanzen sehr schnell einen Sonnenbrand bekommen.

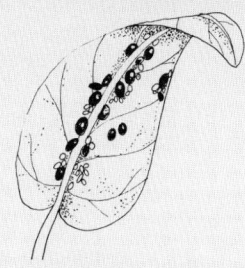

*Schildläuse.*
*Diese Insekten können eine Grünpflanze schwer schädigen. Wenn Sie die runden Schilde an der Unterseite der Blätter entdecken: Abstreifen oder mit paraffinhaltigem Blattglanzmittel behandeln.*

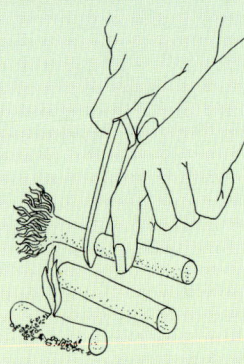

*Stammstecklinge.*
*Vermehrung durch*
*liegende Stammstecklin-*
*ge: Stamm in etwa 20 cm*
*lange Stücke schneiden,*
*Stücke mit einem Auge*
*nach oben in Anzuchterde*
*legen. Das Auge treibt*
*nach einiger Zeit aus.*

Die Blätter zeigen dann weiße, später braun werdende Flecken. Bei starker Schädigung kann die Pflanze eingehen. Deshalb: Alle empfindlichen Pflanzen vor direkter Sonnenbestrahlung schützen. Pflanzen, die im Sommer nach draußen gebracht werden, langsam an die Sonne gewöhnen. Auch sonnenverträgliche Pflanzen nach dem Kauf nicht sofort an das besonnte Fenster stellen.

### Sorte
Gezüchtete Form einer Pflanzenart. Der Sortenname wird immer in 'Anführungszeichen' gesetzt. Er leitet sich oft aus dem Aussehen ab ('tricolor' = dreifarbig), kann aber auch ein Phantasiename sein.

### Sphagnum
Ein Torfmoos mit großem Wasseraufnahme- und -speichervermögen. Wurde früher zum Abmoosen, für Epiphytenstämme, Moosstäbe und für die Orchideenkultur benutzt. Durch den Abbau der Moore ist es selten geworden und wird nun, soweit möglich, durch andere Stoffe ersetzt.

### Spinnmilben
→ Milben, Seite 40.

### Sporen
Die Fortpflanzungsorgane der Farne. Sie sitzen in Sporenbehältern an der Unterseite oder an den Rändern der Wedel und

fallen ab, wenn sie reif sind. Man kann Farne mit ihnen vermehren wie Blütenpflanzen mit Samen.

### Springschwänze
Hüpfende, 1–3 mm lange Insekten, die auf der Oberfläche des Substrats oder zwischen Topf und Übertopf leben und im Freien tote Pflanzenteile abbauen. Treten nach Übergießen im Winter auf. Man vertreibt sie, indem man die Pflanze in neues Substrat setzt und so wenig wie möglich gießt.

### Spurenelemente
Sie werden mit dem Dünger zugeführt und sind wichtig für eine ausgewogene Ernährung der Pflanze. Zu ihnen gehören Bor, Kupfer, Magnesium, Eisen und Molybdän.

### Stammstecklinge
Bei einigen großen Grünpflanzen, zum Beispiel Yucca und Dieffenbachie, kann der Stamm zur Vermehrung verwendet werden – etwa wenn die Pflanze zu groß geworden ist. Der Stamm wird dabei in etwa 20 lange Stücke geschnitten, wobei darauf zu achten ist, daß jedes Stück mindestens ein Auge hat. Diese Stücke werden mit der Unterseite in mageres Substrat gestellt oder waagerecht in das Substrat gelegt und treiben in gespannter oder zumindest sehr warmer Luft (Kleingewächshaus,

warmer Platz auf der Terrasse) bald aus.

### Staunässe
Die tödlichste Gefahr für Zimmerpflanzen. Sie entsteht, wenn zuviel gegossen wird und das Gießwasser nicht ablaufen kann, also im Untersetzer oder Übertopf steht. Die Pflanzen bekommen dann keinen Sauerstoff mehr an die Wurzeln, diese faulen, die Pflanze geht ein.

### Steckling
Triebspitze oder Triebteil, mit dem eine Pflanze vermehrt wird. Stecklinge kann man in Wasser oder magerem Substrat bewurzeln.

### Stelzwurzeln
Luftwurzeln, die am Haupttrieb der Pflanze gebildet werden (Schraubenbaum). In der Natur wachsen sie in den Boden ein und stützen die Pflanze. Im Topf muß man der Natur ein bißchen nachhelfen und die Stelzwurzeln, wenn sie lang genug sind, in das Substrat neben der Pflanze stecken.

### Stengelfäule
Pilzerkrankung am Stengel, dort, wo er aus dem Boden wächst. Die Ursache: Zu nasses und zu kühles Substrat oder zuviel Dünger. Pflanzen mit Stengelfäule sind nicht mehr zu retten, deshalb empfindliche Pflanzen über einen Gießrand oder von unten wässern.

## Styromull
Schaumstoffflocken, die in das Substrat gemischt werden, um es leichter und durchlässiger zu machen.

## Subtropen
Übergangsgebiete von den Tropen zur gemäßigten Klimazone, in denen es starke Schwankungen zwischen Tages- und Nachttemperaturen sowie wechselnde Trocken- und Regenperioden gibt. Pflanzen aus diesen Regionen lieben kühle Ruhezeiten.

## Substrat
Nährboden, Pflanzstoff (lateinisch: substratum = Unterlage). Substrate sind: Pflanzenerden, Aussaaterden, Rindenstücke, Torfmoos, Tonkugeln oder -brocken.

## Sukkulenten
Wasserspeichernde Pflanzen mit verdicktem, häufig blattlosem Stamm oder dicken Blättern (*Crassula, Aloe, Euphorbia, Sedum, Ceropegia, Aeonium*). Sukkulenten vertragen trockene, sonnige Standorte und müssen seltener als andere Pflanzen gegossen werden.

## Systemische Schädlingsbekämpfungsmittel
Insektizide, die über die Leitungsbahnen der Pflanzen wirken. Saugende und beißende Schadinsekten nehmen das Gift mit dem Zellsaft auf. Systemische Mittel können allerdings nur während der Vegetationszeit erfolgreich eingesetzt werden – in der Ruhezeit, wenn die Pflanze nicht »im Saft« steht, sind sie wirkungslos.

# T

## Tauchbad
Kann die Pflanze bei Ballentrockenheit retten: Topf bis über den Rand in ein Gefäß mit warmem Wasser stellen, dabei Substrat mit Alu- oder Plastikfolie vor dem Wegschwemmen schützen. Wenn keine Luftblasen aufsteigen, ist das Substrat durchtränkt.

## Teilen
Vermehrungsmethode bei Pflanzen, bei denen aus dem Wurzelballen mehrere Sprosse wachsen. Dabei nimmt man die Pflanze aus dem Topf, zieht oder schneidet sie vorsichtig auseinander – die Wurzeln sollten weitestgehend geschont werden –, und setzt jedes Teilstück in einen neuen Topf.

## Thripse
Winzige, geflügelte Insekten, auch Blasenfüße genannt. Saugen die Zellen der äußeren Blatthaut aus. Die eindringende Luft läßt die Blattfläche silbrig schimmern. Besonders gefährdet: Drachenbaum, Gummibaum, Kroton, Yucca.

## TKS
Torfkultursubstrate für Zimmer- und Balkonpflanzen. TKS II ist vorgedüngt und eignet sich für bewurzelte Jungpflanzen und alle anderen Zimmerpflanzen. TKS I ist nur sehr schwach gedüngt und für die Anzucht aus Samen für Stecklinge richtig.

## Torf
Nährstoffarmer Substratbestandteil. Lockert den Boden und hilft, Wasser und Nährstoffe zu speichern. Allerdings sind durch Torfabbau wichtige Moorgebiete als Biotope gefährdet, deshalb wird versucht, den Torf, wo es nur geht, durch andere Materialien zu ersetzen.

## Trauermücken
Kleine, dunkelbraune Fliegen, die als Insekten nicht schädlich sind. Aber ihre Larven können vor allem die feinen Faserwurzeln von Jungpflanzen schädigen. Fangen Sie die erwachsenen Fliegen mit Fliegenpapier oder Fliegenstreifen.

## Tropen
Gebiete mit hohen Tagestemperaturen zwischen 24 und 30 °C, in der Regel häufigen Niederschlägen und dadurch bedingt sehr hoher Luftfeuchtigkeit.

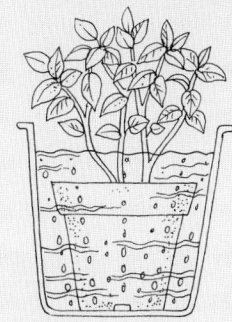

*Tauchbad.*
*Diese Maßnahme macht ausgetrocknete Erde wieder wasseraufnahmefähig. Pflanze gut 20 Minuten lang mit dem ganzen Wurzelballen in lauwarmes Wasser tauchen.*

*Verjüngen.*
*Manche Pflanzen brauchen im Herbst oder Frühjahr einen radikalen Rückschnitt bis ins alte Holz, damit sie wieder üppig austreiben.*

# U

## Umtopfen

Jungpflanzen werden jedes Frühjahr in neues Substrat und einen etwas größeren Topf gepflanzt. Ältere Pflanzen müssen nur alle zwei bis drei Jahre, ganz große Pflanzen bei Bedarf umgetopft werden. Pflanzen, die viele Nährstoffe verbrauchen, müssen jedes Jahr in neues Substrat gesetzt werden.

# V

## Vegetationsperiode

Zeit, in der die Pflanze wächst und ständig neue Blätter und Triebe entwickelt, meist von März bis Oktober.

## Vergeilen

Gärtnerischer Ausdruck für die Ausbildung extrem langer, schwacher und blasser Triebe mit großen Abständen zwischen den Blattansätzen und kleinen Blättern. Ursache: Lichtmangel.

## Vergrünen

An lichtarmen Standorten vergrünen Pflanzen mit bunten Blättern. In den Blättern bildet sich vermehrt Chlorophyll, weil die Pflanze mit allen Mitteln versucht, ihre Assimilationsflächen zu vergrößern.

## Verjüngen

Rückschnitt – bei manchen Pflanzen bis ins alte Holz, meistens aber um ein Drittel. Das regt die Pflanze zu besserer Verzweigung an.

## Verkahlen

Stehen Pflanzen vor allem in den Wintermonaten zu dunkel oder das ganze Jahr immer wieder zu trocken, fallen die unteren Blätter ab. Bei stammbildenden Pflanzen (Yucca, Drazäne) auch arttypisch.

## Vermehrung

Pflanzen kann man generativ vermehren, also durch Samen. Nur bei dieser Art der Vermehrung sind Neuzüchtungen durch Kreuzung verschiedener Arten möglich. Die vegetative Vermehrung aus Pflanzenteilen bringt dieselbe Art oder Sorte hervor – wobei weißpanaschierte Arten gerne in die grüne Form zurückfallen.

## Virosen

Erkrankungen bei Pflanzen, die durch spezielle Pflanzenviren verursacht werden. Diese gelangen durch kleinste Verletzungen in das Zellinnere. Am häufigsten wird virusverseuchter Saft mit Schnittwerkzeugen oder durch saftsaugende Insekten von Pflanze zu Pflanze übertragen, zum Beispiel durch Blattläuse, Weiße Fliege und Thripse. Virosen können schlimme Auswirkungen haben oder nahezu unsichtbar blei-

ben. Harmlos sind Farbveränderungen wie die virusbedingte Buntblättrigkeit des Abutilon. Die im Handel erhältlichen Zimmerpflanzen sind selten virusinfiziert, da das Vermehrungsmaterial schon im Vorfeld durch Auslese, Wärmebehandlung und Meristemkultur gesund gehalten wird. Am Blumenfenster sind Virosen nicht zu heilen.

# W

## Wachstumshemmer

Damit sie kleiner bleiben und die Triebe kürzer (und damit die Pflanze auch buschiger wirkt), werden viele Grünpflanzen während ihrer Aufzucht mit Wachstumshemmstoffen behandelt. Einige Monate nach dem Kauf läßt die Wirkung dieser Stoffe nach, die Pflanze entwickelt dann normale Triebe.

## Wachstumsstockungen

Kommen bei allen Zimmerpflanzen vor. Die Pflanze bildet mitten in der Vegetationsphase keine neuen Triebe mehr. Ursache: Wasser- und Nahrungsmangel, verbrauchte Erde, verfilzter Ballen, zu kühler Stand.

## Wasserabzugsloch

Öffnung im Topfboden, durch die überschüssiges Gießwasser ablaufen kann. Sollte immer mit einer Topfscherbe bedeckt werden, damit sie nicht verstopft. Wichtige Voraussetzung für gesundes Wachstum, da Staunässe den Wurzeln schadet.

### Wechselständig
Die Blätter stehen sich versetzt gegenüber (Efeu, Gummibaum).

### Wedel
Bezeichnung für die ähnlich gestalteten Blätter von Farnen und Palmen. Ein Wedel besteht aus Blattgrund, Blattstiel und Blattspreite.

### Weiches Wasser
Kalkarmes Wasser, auch Regenwasser, das sich besser zum Gießen von Zimmerpflanzen eignet als hartes.

### Weiße Fliege
Insekt mit weißen Flügeln, das bei Berührung der Pflanze auffliegt. Die Weiße Fliege, oder Mottenschildlaus, wird meist von außen eingeschleppt, sie liebt Wärme und feuchte Luft, kommt also vor allem im geschlossenen Fenster und im Wintergarten vor. Bekämpfung durch Kühlstellen der Pflanze, Gelbtafeln, notfalls Insektizide.

### Wolläuse
→ Schmierläuse, Seite 43.

### Wurzelhals
Die Stelle, an der die Pflanze von der Wurzel in den oberirdischen Teil übergeht.

### Wurzelläuse
Teils zu den Blatt-, teils zu den Schildläusen gehörende Insekten. Sie sind fadenförmig, weiß und sitzen im Substrat. Die Wurzeln werden geschädigt, die Pflanze kümmert. Spezialmittel zur Bekämpfung der Wurzelläuse werden in das Wasser eines Tauchbades gegeben.

### Wurzelschnitt
Verkleinerung des Wurzelballens. Erforderlich, wenn man aus Platzgründen wieder in denselben Topf umsetzen möchte, oder bei kranken Wurzeln. Bester Termin für den Schnitt ist der Beginn der Wachstumszeit, das Frühjahr. Bei Wurzelfäule sofort schneiden!

# Z

### Zisternenpflanzen
Gemeint sind Pflanzen, deren Blätter einen Trichter bilden, der als Wasserbehälter (Zisterne) dient und die Pflanze kontinuierlich mit Wasser und darin gelösten Nährstoffen versorgt. Die bekanntesten Zisternenpflanzen sind Erdbromelien. Das Gießwasser wird bei ihnen in den Trichter, nicht auf die Erde gegeben.

### Züchtung
Durch Züchtung entstehen neue Sorten, die besonderen Ansprüchen an Größe, Farbe, Krankheitsresistenz, Klimaverträglichkeit usw. entsprechen. Bei der Züchtung werden unterschiedliche Sorten oder Arten so lange gekreuzt und ausgelesen, bis die erwünschten Eigenschaften herausgebildet sind.

### Zugluft
Die wenigsten Pflanzen lieben Zugluft. Für tropische Gewächse ist sie sogar Gift. Sie vermindert die Luftfeuchtigkeit und führt zu Verdunstungskälte im Wurzelbereich. Abhilfe: Zugige Fenster vor allem im Winter abdichten.

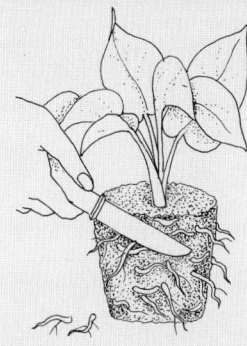

*Wurzelschnitt.*
*Wird die Pflanze zu groß für den Topf, kann man die Wurzeln mit einem sehr scharfen Messer zurückschneiden. Viele Pflanzen regt das zu neuem Wachstum an. Bei Wurzelfäule ist diese Maßnahme unumgänglich.*

## Blumenfenster mit Epiphyten-stamm

Der Philodendron liebt, wie sein Name sagt, den Baum. Die alte botanische Bezeichnung für die Efeutute, *Epipremnum*, kommt aus dem Griechischen und besagt, daß es sich um eine Pflanze auf dem Baumstamm handelt. In diesem Blumenfenster sitzen also beide Blattpflanzen auf ihren Lieblings-plätzen und können ihrem von Haus aus ungestümen Wuchs freien Lauf lassen, viele Luftwurzeln und kräfti-ge Lianen bilden. Der verzweigte Baumstamm ist in die Pflanzwanne fest eingemauert und so stabil, daß auch noch Töpfe mit Maranten und Bromelien Platz finden. Im Pflanz-becken stehen in Torf eingefütterte Töpfe mit Kroton, weiteren Brome-lien und Kaladien. Der Torf wird ständig feucht gehalten und gibt kontinuierlich Feuchtigkeit an Töpfe und umgebende Luft ab. Das Licht, das durch die Glasbausteine dringt, ist zwar nicht so hell wie an normalen Fenstern, reicht aber für die baum-bewohnenden und bodennahen Gewächse der Tropen vollauf.
Mit dieser dekorativen Bepflanzung läßt sich das diffuse Licht einer Wand aus Glasbausteinen optimal nutzen. Gleichzeitig wird das sehr kühl wirkende Fenster durch üppiges Grün belebt und wirkt nicht mehr so abweisend und technisch.

# Die beliebtesten Grünpflanzen und ihre Pflege

Auf den folgenden Seiten lernen Sie jede einzelne Grünpflanze gründlich kennen. Sie erfahren etwas über ihre Heimat, ihre Familienzugehörigkeit, die Standortbedingungen und die richtige Pflege. Angaben zur Sortenvielfalt und über individuelle Besonderheiten runden den Pflegefahrplan ab.

## Erläuterung der Stichworte

Die Pflegetips sind nach fettgedruckten Stichwörtern geordnet. Dadurch wird der Kulturfahrplan so übersichtlich, daß man sich ohne langes Suchen auch einmal einzelne Pflegetips herausgreifen kann.
Zuerst wird der botanische Name genannt, zum Beispiel *Acalypha.* Er ist international gleich und überall verständlich. Darunter steht, soweit es einen gibt, der deutsche Name. Manchmal sind es auch zwei.
Danach folgt die Familie, zu der die Pflanze gehört. Der Hinweis auf die Heimat gibt Ihnen erste Hinweise für das Wärmebedürfnis der Pflanzen. Unter dem Stichwort Aussehen finden Sie Beschreibungen der bekanntesten Arten und – soweit es sie gibt – Sorten. Der Standort ist ein wichtiges Kriterium für die Pflege. Hier wird der Lichtbedarf erklärt. Unter Temperatur finden Sie in der Regel einen Minimum- und einen Maximumwert, zum Beispiel 16 bis 28 °C. Das bedeutet, daß die Pflanze viel Wärme benötigt, aber nie kühler als 16 °C stehen darf. Luftfeuchtigkeit wird von den meisten tropischen Gewächsen verlangt,

einige sind aber auch unempfindlich oder nicht darauf angewiesen. Beim Substrat ist meistens Blumenerde angegeben sowie ein Hinweis auf Hydrokultur, wenn die Pflanzen auch darin gehalten werden können. Beim Gießen und Düngen geht es um das richtige Maß zur richtigen Jahreszeit, also darum, wieviel von März bis September, in der Vegetationsphase, und von Oktober bis Februar, in der »Ruhezeit«, gegeben wird. Wann und wie oft Ihre Pflanze neue Erde braucht, finden Sie unter dem Stichwort Umtopfen. Wie und auf welche Weise Sie aus einer Pflanze mehrere machen können, unter Vermehren. Angegeben wird extra, ob eine Pflanze für eine bestimmte Krankheit oder einen Schädlingsbefall anfällig ist. So kann man rechtzeitig vorbeugen. Fehlt diese Rubrik, liegt keine besondere Empfindlichkeit vor. Unter Wichtig stehen Besonderheiten der Pflanze oder spezielle Pflegehinweise. Mein Tip gibt Erfahrungen der Autorin weiter. Warnung steht bei Pflanzen mit giftigen oder reizenden Stoffen. Damit gekennzeichnete Pflanzen

können für anfällige Erwachsene, Kinder und Haustiere gesundheitsschädlich, solche mit einem Totenkopf tödlich sein, wenn sie gegessen werden oder mit Haut beziehungsweise Schleimhäuten in Berührung kommen.

## Erläuterung der Symbole

 Die Pflanze soll vollsonnig stehen.

 Die Pflanze wünscht sich einen sehr hellen, aber nicht sonnigen Platz.

 Die Pflanze gedeiht auch im Halbschatten gut.

 Die Pflanze verträgt oder mag Schatten.

 Die Pflanze braucht viel Wasser.

 Pflanze nur mäßig feucht halten.

 Wenig gießen.

 Pflanze öfter sprühen.

 Die Pflanze ist giftig.

*Ein Pflanzenvorhang.* ▷
*Auf der Fensterbank stehen:*
*Einblatt, Königswein, Zwergkalmus und Russischer Wein, von einem Zwischenbrett rieseln Kaskaden einer grünlaubigen Gundelrebe.*

## Acalypha
**Nesselschön,**
Katzenschwanz

**Familie:** *Euphorbiaceae*
(Wolfsmilchgewächse).
**Heimat:** Tropen und
Subtropen.
**Aussehen:** 2 *Acalypha*-
Arten sind als Zimmer-
pflanzen im Handel:
*A. hispida* mit langen roten
oder weißen Blütenstän-
den und *A. Wilkesiana*-
Hybriden mit kaum sicht-
baren Blüten, aber dekora-
tiven bunten Blättern.
**Standort:** Hell, keine
direkte Sonne. *A. Wilke-
siana* bekommt bei zu
dunklem Standort nur
grüne Blätter, *A. hispida*
nie Blüten.
**Temperatur:** 16 bis 28°C.
**Luftfeuchtigkeit:** Ab 60%.
**Substrat:** Blumenerde.
Hydrokultur.
**Gießen:** Erde immer
feucht halten.
**Düngen:** Wöchentlich.
September bis März alle
2 Wochen.
**Umtopfen:** Jedes Jahr.
**Vermehren:** Kopfsteck-
linge in gespannter Luft.
**Anfällig:** Spinnmilben.
**Wichtig:** Junge Pflanzen
nicht zurückschneiden.

**Mein Tip:** Ziehen Sie
Jungpflanzen, ab dem
3. Jahr wird die *Acalypha*
unansehnlich.

**Warnung:** Der weiße
Milchsaft ist giftig und
kann Hautreizungen
verursachen.

*Acalypha-Wilkesiana-Hybriden gibt es in vielen Farben und Blattformen.*

*Acorus 'Variegatus', ein dekoratives Gras im Topf.*

*Nicht einfach in der Pflege: Der Frauenhaarfarn.*

## Acorus
**Kalmus**

**Familie:** *Araceae* (Aronstabgewächse).
**Heimat:** Asien.
**Aussehen:** Schmale, schilfartige Blätter wachsen bis zu 50 cm lang aus einem Rhizom, das teilweise über die Erde kriecht.
*A. gramineus 'Variegatus'* ist gelb-, *'Albovariegatus'* weißgestreift.
**Standort:** Hell bis halbschattig, vor direkter Sonne schützen.
**Temperatur:** Im Sommer Zimmertemperatur, im Winter 0 bis 18°C.

**Luftfeuchtigkeit:** Kein besonderer Anspruch.
**Substrat:** Blumenerde mit etwas Lehmzusatz.
**Gießen:** Sumpfpflanze! Topf in wassergefüllten Untersetzer stellen.
**Düngen:** Im Frühjahr und Sommer alle 2, im Winter alle 6 Wochen.
**Umtopfen:** Bei Bedarf.
**Vermehren:** Teilen des Rhizoms im Frühjahr.

**Mein Tip:** Wenn der *Acorus* im Zimmer kümmert, können Sie ihn im Sommer zur Erholung in den Sumpfbereich eines Gartenteiches stellen.

## Adiantum
**Frauenhaarfarn,**
Venushaar

**Familie:** *Adiantaceae*.
**Heimat:** Südamerika.
**Aussehen:** Im Handel sind verschiedene Arten:
*A. raddianum* ist wohl die bekannteste. Die Wedel mit den keilförmigen Blättchen werden bis zu 50 cm lang.
*A. capillus veneris* (Venushaar) hat hellgrüne, fächerartige Blättchen an den Wedeln, die bis zu 60 cm lang werden können.
*A. hispidulum* ist kleiner, aber robuster.

**Standort:** Nordfenster.
**Temperatur:** 18 bis 25°C, Sommer und Winter. Kälte von unten (Fensterbrett) wird nicht vertragen.
**Luftfeuchtigkeit:** Hoch. In wassergetränktes Kiesbett stellen.
**Substrat:** Einheitserde. Hydrokultur.
**Gießen:** Nie austrocknen lassen, enthärtetes Wasser verwenden.
**Düngen:** Im Sommer alle 4 Wochen mit einer halben Portion Dünger.
**Umtopfen:** Nur Jungpflanzen jedes Jahr.
**Vermehren:** Teilen, durch Sporen.
**Anfällig:** Verträgt keine Pflanzenschutzmittel.
**Wichtig:** Nie besprühen!

Aeonium arboreum kann bis zu 1 m hoch werden.

Aglaonema 'Silver King' mit silbrigem Blatt.

## Aeonium
**Aeonium**

**Familie:** *Crassulaceae* (Dickblattgewächse).
**Heimat:** Afrika.
**Aussehen:** Die Dickblattgewächse mit Rosetten aus dicken, fleischigen Blättern sind sehr dekorativ. Je nach Art sitzen die Rosetten direkt auf der Erde (*A. tabuliforme)* oder an einem hohen oder niedrigen Stamm (*A. arboreum, A. canariense, A. haworthii*). Blattfarbe und -form variieren je nach Art und Sorte.
**Standort:** Sonnig, sehr hell. Südfenster ideal.

**Temperatur:** Verträgt auch hohe Zimmertemperaturen, nicht unter 10°C.
**Luftfeuchtigkeit:** Anspruchslos.
**Substrat:** Je 1/3 Blumenerde, Lehm, Sand oder Perlite.
**Gießen:** Nur so viel, daß der Ballen feucht ist. In der Ruhezeit sehr wenig.
**Düngen:** Alle 2 Wochen mit Kakteendünger.
**Umtopfen:** Alle 2 Jahre.
**Vermehren:** Kopf- oder Blattstecklinge.
**Wichtig:** *A. tabuliforme* stirbt nach der Blüte.

**Mein Tip:** Achten Sie darauf, daß die Blätter nie vor Trockenheit schrumpfen, sonst geht die Pflanze ein.

## Aglaonema
**Kolbenfaden**

**Familie:** *Araceae* (Aronstabgewächse).
**Heimat:** Südostasien.
**Aussehen:** Wegen seiner schönen Blätter ist der Kolbenfaden beliebt. Die aronstabähnlichen Blütenstände spielen keine Rolle. Am bekanntesten ist *A. commutatum* mit zahlreichen Sorten. Die ovalen oder lanzettlichen Blätter an langen, kräftigen Stielen sind grau-grün oder grün-creme gestreift, gefleckt oder gesprenkelt.
**Standort:** West- oder Ostfenster.

**Temperatur:** 16 bis 25°C.
**Luftfeuchtigkeit:** Hoch.
**Substrat:** Blumenerde. Hydrokultur.
**Gießen:** Mit lauwarmem Wasser, im Winter nur feucht halten.
**Düngen:** Alle 4 Wochen, nur im Sommer.
**Umtopfen:** Jungpflanzen jährlich, dann alle 3 Jahre.
**Vermehren:** Durch bewurzelte Seitentriebe.

**Mein Tip:** Ältere unansehnliche Pflanzen werfe ich nicht weg – kurze Stücke des Haupttriebes eignen sich zur Vermehrung.

**Warnung:** Enthält haut- und schleimhautreizende Stoffe.

*Beliebt und problemlos: Die Tiger-Aloe.*

*Die Scheinrebe möchte im Sommer ins Freie.*

## Aloe
**Aloe**

**Familie:** *Liliaceae* (Liliengewächse).
**Heimat:** Afrika.
**Aussehen:** Die sukkulente Pflanze hat dicke, längliche Blätter, die meist als Rosette angeordnet sind. Bei *A. arborescens* sind die Blätter gezähnt und stehen an einem Stamm (auch *A. vera*), bei *A. variegata* (Tiger-Aloe) haben sie helle Querstreifen und liegen dachziegelartig übereinander.
**Standort:** Sonnig.
**Temperatur:** Zimmertemperatur, im Winter kühl.

**Luftfeuchtigkeit:** Verträgt trockene Luft.
**Substrat:** Blumenerde mit $1/_3$ Sand.
**Gießen:** Feucht halten.
**Düngen:** Im Sommer alle 3 Wochen mit Kakteendünger.
**Umtopfen:** Ältere Pflanzen bei Bedarf.
**Vermehren:** Durch Seitensprosse, Triebstecklinge oder durch Samen.
**Anfällig:** Wurzelläuse.
**Wichtig:** Im Sommer ins Feie stellen.

**Mein Tip:** Legen Sie eine etwa 5 cm dicke Schicht Sand oder Perlite auf das Substrat, so fault der Stammansatz nicht.

## Ampelopsis
**Scheinrebe**

**Familie:** *Vitaceae* (Weingewächse).
**Heimat:** Nordamerika, Asien.
**Aussehen:** Die Scheinrebe (auch unter dem Namen Jungfernrebe im Handel) ist eine Ampelpflanze, die man auch an einem Gerüst hochziehen kann. Die Zweige sind rötlich, die Blätter bei der einzigen zur Zimmerkultur geeigneten Art *A. brevipedunculata* grün-weiß panaschiert.
**Standort:** Hell bis halbschattig.

**Temperatur:** Im Sommer Zimmertemperatur, im Winter etwa 15°C.
**Luftfeuchtigkeit:** Verträgt trockene Luft.
**Substrat:** Blumenerde.
**Gießen:** Im Sommer täglich, im Winter fast trocken halten.
**Düngen:** Außer im Winter wöchentlich.
**Umtopfen:** Jedes Jahr.
**Vermehren:** Stecklinge im Sommer.
**Wichtig:** Die Pflanze wirft im Winter gern die Blätter ab. Im zeitigen Frühjahr dann kräftig zurückschneiden, damit sie wieder buschig wird.

**Mein Tip:** Die Scheinrebe liebt den Sommeraufenthalt im Freien.

*Die Zimmertanne kommt wieder in Mode.*

*Zierlich: Asparagus asparagoides myrtifolius.*

## Araucaria
**Zimmertanne**

**Familie:** *Araucariaceae* (Araukariengewächse).
**Heimat:** Südamerika, Australien.
**Aussehen:** An einem bis zu 1,20 m hohen Stamm stehen die Zweige in Etagen waagerecht, auch bei größeren Exemplaren hängen sie nur leicht herab.
**Standort:** Hell von allen Seiten, sonst wächst die Pflanze schief.
**Temperatur:** Verträgt keine warmen Räume, ideal 10 bis 20°C. Im Winter kühler.

**Luftfeuchtigkeit:** Je höher die Temperatur, desto höher muß die Luftfeuchtigkeit sein.
**Substrat:** Blumenerde mit $1/3$ Sand oder Laubkompost mit je $1/3$ Sand und Lehm. Hydrokultur.
**Gießen:** Nur feucht halten, je kühler, desto weniger gießen.
**Düngen:** Im Sommer alle 2, im Winter alle 6 Wochen.
**Umtopfen:** Alle 4 Jahre.
**Vermehren:** Schwierig. Durch Samen, Stecklinge.
**Wichtig:** Im Sommer ins Freie stellen.

**Mein Tip:** Stellen Sie die Zimmertanne auch an regnerischen oder nebligen frostfreien Wintertagen 1 bis 2 Stunden ins Freie.

## Asparagus
**Zierspargel**

**Familie:** *Liliaceae* (Liliengewächse).
**Heimat:** Asien, Afrika.
**Aussehen:** Kann recht groß und breit werden. Am bekanntesten ist *A. densiflorus,* dessen Blättchen weit auseinanderstehen. Bei *A. densiflorus 'Meyeri'* stehen die Blätter dicht. *A. falcatus* ist ein Kletter-Asparagus mit langen Blättern. Pflegeleicht: *A. asparagoides myrtifolius.*
**Standort:** Sehr hell.
**Temperatur:** Zimmertemperatur, im Winter kühler, aber nicht unter 10°C.

**Luftfeuchtigkeit:** Anspruchslos.
**Substrat:** Blumenerde mit $1/4$ Lehm. Hydrokultur.
**Gießen:** Feucht halten.
**Düngen:** Im Sommer jede, im Winter alle 4 Wochen.
**Umtopfen:** Bei Bedarf.
**Vermehren:** Teilung.
**Anfällig:** Blattläuse, Spinnmilben.
**Wichtig:** Empfindlich gegen Pflanzenschutzmittel.
**Warnung:** Die Beeren sind leicht giftig.

*Auswahl von Asparagus-* ▷
*Arten:*
*Oben: A. densiflorus. Unten von links nach rechts: A. falcatus, A. densiflorus 'Meyeri', A. setaceus, A. setaceus 'Pyramidalis'.*

*Robust und anspruchslos: Die Schusterpalme.*

*Ungewöhnlicher Farn: Asplenium nidus.*

## Aspidistra
**Schusterpalme,**
Metzgerpalme

**Familie:** *Liliaceae*
(Liliengewächse).
**Heimat:** Japan, China.
**Aussehen:** *A. elatior*
ist ausgesprochen robust,
anspruchslos und pflege-
leicht. Aus einem unter-
irdischen Rhizom wachsen
bis zu 70 cm lange und
10 cm breite, dunkelgrüne,
feste Blätter.
Bei *A. elatior* 'Variegata'
sind diese gelb oder weiß
gestreift.
**Standort:** Gedeiht an
jedem Platz – am dunklen
wie am hellen Fenster.

**Temperatur:** Nicht emp-
findlich, nur Frost wird
nicht vertragen.
**Luftfeuchtigkeit:** Verträgt
trockene Luft.
**Substrat:** Blumen- oder
Komposterde mit $1/3$ Lehm.
Hydrokultur.
**Gießen:** Substrat feucht
halten, im Winter trocken.
**Düngen:** Frühjahr bis
Herbst wöchentlich.
**Umtopfen:** Alle 2 Jahre.
**Vermehren:** Rhizome
teilen.

**Wichtig:** Die Schusterpalme steht im Sommer
gerne im Freien an einem
warmen Platz.

**Mein Tip:** Teilen Sie die
Pflanze rechtzeitig.
Wächst sie zu dicht, wirkt
sie nicht mehr dekorativ.

## Asplenium
**Nestfarn,** Streifenfarn

**Familie:** *Aspleniaceae*
(Streifenfarngewächse).
**Heimat:** Asien, Polynesien.
**Aussehen:** *Asplenium* ist
von allen Farnen im Zim-
mer am leichtesten zu
halten. Bei *A. nidus* (Nestfarn) bilden die ungeteilten,
großen, hellgrünen Wedel
mit dem gewellten Rand
eine Rosette. Die Wedel
von *A. bulbiferum* sind
gefiedert, mit Brutpflänzchen auf den Blättern.
**Standort:** Halbschatten
bis Schatten.
**Temperatur:** Nie kälter als
10°C.

**Luftfeuchtigkeit:** Verträgt
trockene Luft, trotzdem
sprühen.
**Substrat:** Blumenerde.
Hydrokultur.
**Gießen:** In der Wachs-
tumszeit immer feucht
halten, in der Ruhezeit
wenig gießen.
**Düngen:** Im Sommer alle
3 Wochen.
**Umtopfen:** Alle 2 Jahre im
Sommer.
**Vermehren:** *A. nidus*
durch Sporen, andere
durch die Brutpflanzen.
**Anfällig:** Nematoden.
**Wichtig:** Kein Blattglanzmittel verwenden.

**Mein Tip:** Der Nestfarn
*A. nidus* 'Fimbriatur' ist
besonders gut für die
Zimmerkultur geeignet.

*Zimmer- und Kübelpflanze: Aucuba japonica.*

*Bizarr in der Form: Der Flaschenbaum.*

## Aucuba
**Aukube,** Goldorange

**Familie:** *Cornaceae* (Hartriegelgewächse).
**Heimat:** Japan, Korea.
**Aussehen:** Fürs Zimmer eignet sich nur *A. japonica,* ein bis zu 2 m hoher Strauch mit ovalen, großen ledrigen Blättern, die bei *A. j.* 'Variegata' goldgesprenkelt , bei *A. j.* 'Crotonifolia' halb grün und halb gelb sind und bei 'Goldieana' eine goldene Blattmitte haben.
**Standort:** Hell.
**Temperatur:** Nicht über 24°C.
**Luftfeuchtigkeit:** In warmen Räumen empfindlich gegen trockene Luft.
**Substrat:** Blumenerde. Hydrokultur.
**Gießen:** Reichlich.
**Düngen:** Alle 4 Wochen. Überwintert die Aukube im Kühlen, nicht düngen.
**Umtopfen:** Bei Bedarf.
**Vermehren:** Kopfstecklinge im Frühjahr.
**Anfällig:** Schildläuse.
**Wichtig:** Im Sommer ins Freie an einen halbschattigen Platz stellen.

**Mein Tip:** Ist die Pflanze zu groß fürs Zimmer geworden, können Sie sie wie eine Kübelpflanze behandeln.

**Warnung:** Der Verzehr der Beeren kann Fieber und Erbrechen hevorrufen.

## Beaucarnea
**Flaschenbaum,** Elefantenfuß, Wasserpalme

**Familie:** *Agavaceae* (Agavengewächse).
**Heimat:** Mexiko.
**Aussehen:** Vor allem wegen ihrer bizarren Form ist diese Zimmerpflanze heute sehr beliebt. Der borkige, bis zu 1,50 m hohe Stamm ist am Grund sehr dick. Wie ein Schopf wachsen die Blätter aus kleinen Rosetten oben am Stamm, sie sind graugrün, lanzettlich und können eine Länge von bis zu 60 cm erreichen.
**Standort:** Sonnig.
**Temperatur:** Im Sommer warm, im Winter Ruhezeit bei 10 bis 15°C.
**Luftfeuchtigkeit:** Anspruchslos.
**Substrat:** Lauberde mit je ¹/₄ Lehm und Sand. Besser Hydrokultur.
**Gießen:** Im Sommer feucht, im Winter trocken.
**Düngen:** Im Sommer alle 4 Wochen.
**Umtopfen:** Bei Bedarf.
**Vermehren:** Nebensprosse in gespannter Luft.
**Anfällig:** Schildläuse.
**Wichtig:** Im Sommer ins Freie stellen.

**Mein Tip:** *Beaucarnea* kann, wenn sie sehr groß geworden ist, wie Kübelpflanze behandelt werden.

*Begonia masoniana mit dem schwarzen Kreuz.*  *Eine von vielen Begonia-Rex-Hybriden.*

## Begonia
**Blattbegonie,** Schiefblatt

**Familie:** *Begoniaceae* (Begoniengewächse).
**Heimat:** Tropen und Subtropen.
**Aussehen:** Blattbegonien gehören zu den attraktivsten Zimmerpflanzen mit bunten Blättern – und es gibt eine Vielzahl von Arten und Sorten. Zu den schönsten gehören die Königsbegonien, *B.-Rex*-Hybriden. Ihre zum Teil sehr groß werdenden, länglich-herzförmigen Blätter stehen schief an einem Stiel, der direkt aus dem Rhizom wächst. Sie

sind immer sehr prächtig gefärbt, je nach Sorte grün-rot, grün-grau-schwarz, grün-weiß-rot-schwarz. *Rex-Begonien* sind allerdings etwas schwierig zu halten. Einfacher zu pflegen sind *B. boweri*-Hybriden. Sie haben kleinere Blätter an kurzen Stielen und sind meist smaragdgrün-schwarz gefärbt. Andere interessante Arten sind *B. smaragdina*, *B. mazae*, beide ähnlich wie *B. boweri*. Ausgefallen ist *B. masoniana*, bei der das Blatt eine schwarze Kreuzzeichnung hat. Einige Blattbegonien-Arten haben auch runzlige oder am Stielgrund eingerollte Blätter.

**Standort:** Hell, aber nicht in der Sonne. Ost- oder Westfenster.
**Temperatur:** 18 bis 22°C, im Sommer auch wärmer. Vertragen keine Temperaturen unter 15°C.
**Luftfeuchtigkeit:** Sehr empfindlich gegen trockene Luft, vor allem *Rex*-Hybriden. Nicht sprühen, Blattflecken!
**Substrat:** Blumenerde. Hydrokultur möglich.
**Gießen:** Substrat immer feucht halten. Nässe und Trockenheit führen zum Eingehen der Pflanzen. Nur mit entkalktem, abgestandenem Wasser gießen.
**Düngen:** Alle 2 Wochen. Während der Winterruhe von Oktober bis März nicht düngen.

**Umtopfen:** Alle 2 Jahre.
**Vermehren:** Mit Rhizomstücken, Kopfstecklingen, Brutpflänzchen, Blättern oder Blattstücken bei 24°C Bodentemperatur.
**Anfällig:** Echter Mehltau, Wurzelfäule.
**Wichtig:** Blattbegonien nie ins Freie stellen.

**Mein Tip:** Stellen Sie Blattbegonien nie zu eng zusammen. Mehltaugefahr.

*Eine der Schönsten: Caladium.*

*Gedeiht gut im Zimmer: Calathea makoyana.*

## Caladium
**Buntblatt,** Kaladie, Buntwurz

**Familie:** *Araceae* (Aronstabgewächse).
**Heimat:** Südamerika.
**Aussehen:** Mit ihren pfeilförmigen, bunten Blättern ist die Kaladie eine der attraktivsten Blattpflanzen, leider aber empfindlich gegen trockene Luft. Im Handel sind vor allem *Bicolor*-Hybriden.
**Standort:** Sehr hell, aber nicht sonnig.
**Temperatur:** 22 bis 25°C.
**Luftfeuchtigkeit:** 70%.
**Substrat:** Blumenerde. Hydrokultur.

**Gießen:** Täglich. Ab September trockener, Blätter ziehen dann ein.
**Düngen:** Jede Woche.
**Umtopfen:** Knollen trocken im Topf lassen, ab Februar in frische Erde.
**Vermehren:** Knollenteilung.
**Wichtig:** Niemals die Blätter sprühen.

**Mein Tip:** Stellen Sie die Pflanze mit dem Topf in einen größeren, mit Torf oder Hydrogranulat gefüllten Übertopf. Torf und Granulat immer feucht halten.

**Warnung:** Enthält haut- und schleimhautreizende Stoffe.

## Calathea
**Korbmarante**

**Familie:** *Marantaceae* (Marantengewächse).
**Heimat:** Brasilien.
**Aussehen:** Prächtige grün-gelb, grün-creme oder grün-in-grün gemusterte Blätter schmücken die verschiedenen Arten der Korbmarante.
*C. makoyana* kann man auch auf dem Fensterbrett pflegen. Alle anderen Korbmaranten gehören in ein geschlossenes Blumenfenster.
Besonders dekorativ:
*C. zebrina, C. picturata und C. lancifolia.*

**Standort:** Hell oder halbschattig, keine Sonne.
**Temperatur:** 20 bis 30°C. Warmer Fuß wichtig.
**Luftfeuchtigkeit:** Hoch, über 60%.
**Substrat:** Blumenerde. Hydrokultur.
**Gießen:** Feucht halten.
**Düngen:** Alle 2, im Winter alle 6 Wochen.
**Umtopfen:** Jedes Jahr.
**Vermehren:** Rhizomteilung.
**Anfällig:** Spinnmilben.
**Wichtig:** Auf der Fensterbank täglich mit entkalktem Wasser besprühen.

**Mein Tip:** Ein Südfenster, das durch einen Baum beschattet wird, wäre ein idealer Platz. Ist es zu hell, leidet die Färbung.

*Bekommt bis 2 m lange Triebe: Die Leuchterblume.*

*Steht gern im Schatten: Die Bergpalme.*

## Ceropegia
**Leuchterblume**

**Familie:** *Asclepiadaceae* (Seidenpflanzengewächse).
**Heimat:** Afrika, Asien.
**Aussehen:** An bis zu 2 m langen, fadendünnen Trieben wachsen in Abständen kleine, fleischige Blätter, deren Oberseite silbrig, die Unterseite rotgefleckt ist. Aus den Blattachseln kommen im Herbst pittoresk geformte Blüten. Bei der verbreitetsten Art *C. woodii* bilden sich an den Trieben Knollen, die man zur Vermehrung benützt.

**Standort:** Sonnig, keine Mittagssonne.
**Temperatur:** Zimmertemperatur, nicht unter 8°C.
**Luftfeuchtigkeit:** Unerheblich.
**Substrat:** Blumenerde mit $1/3$ Sand.
**Gießen:** Im Sommer feucht, im Winter trocken halten.
**Düngen:** In der Wachstumszeit alle 4 Wochen.
**Umtopfen:** Alle 2 Jahre.
**Vermehren:** Durch Knöllchen.

**Mein Tip:** Sie können die Leuchterblume auch an einem Spalier hochbinden.

## Chamaedorea
**Bergpalme**

**Familie:** *Palmae* (Palmen).
**Heimat:** Mexiko.
**Aussehen:** *C. elegans* ist eine der wenigen für die Zimmerkultur geeigneten Palmen. Sie wird nicht höher als 1 bis 2 m und kann sogar an einem schattigen Platz im Zimmer existieren. Meist sitzen 3 Stämmchen in einem Topf. Der Stamm ist dicht geringelt, die gefiederten hellgrünen Blätter hängen elegant über.
**Standort:** Halbschattig bis schattig.

**Temperatur:** Ganzjährig Zimmertemperatur, auch im Winter nicht unter 14°C.
**Luftfeuchtigkeit:** 50 %, bei Heizungsluft regelmäßig sprühen.
**Substrat:** Blumenerde oder Kompost mit $1/3$ Lehm. Hydrokultur.
**Gießen:** Reichlich, im Untersetzer darf Wasser stehen. Im Winter weniger.
**Düngen:** Im Sommer jede Woche, im Winter alle 4 Wochen.
**Umtopfen:** Bei Bedarf.
**Vermehren:** Aus Samen.
**Anfällig:** Spinnmilben.
**Wichtig:** Im Sommer an einen halbschattigen Platz ins Freie stellen.

## *Chlorophytum*
**Grünlilie,** Graslilie, Brautschleppe

**Familie:** *Liliaceae* (Liliengewächse).
**Heimat:** Südafrika.
**Aussehen:** Die Grünlilie gehört zu den beliebtesten und anspruchslosesten Grünpflanzen. Aus den fleischigen Wurzeln wachsen viele länglich-lanzettliche Blätter in dichten Büscheln. Bei *C. comosum 'Variegatum'* sind diese grün mit weißem Rand, bei *C. c. 'Picturatum'* grün mit gelbem Mittelstreifen, die Urform ist rein grün. Im Laufe des Sommers bilden sich bis zu 80 cm lange Stiele, an denen winzige weiße Blüten und später viele Kindel sitzen.
**Standort:** Nicht empfindlich, nur nicht zu dunkel.
**Temperatur:** Zimmertemperatur.
**Luftfeuchtigkeit:** In trockener Zimmerluft hin und wieder sprühen.
**Substrat:** Blumenerde. Hydrokultur.
**Gießen:** Substrat nie austrocknen lassen.
**Düngen:** Im Sommer jede Woche, im Winter alle 4 Wochen.
**Umtopfen:** Bei Bedarf.
**Vermehren:** Durch Kindel.
**Wichtig:** Braune Blattspitzen abschneiden.

**Mein Tip:** Besonders dekorativ wirkt die Pflanze auf einer Pflanzensäule.

*Robust, pflegeleicht und sehr dekorativ: Grünlilie mit Kindel.*

*Cissus antarctica wächst bis zu 1 m pro Jahr.*

*Cissus rhombifolia ist besonders leicht zu pflegen.*

## Cissus
**Känguruhwein,** Königs-
wein, Russischer Wein,
Klimme

**Familie:** *Vitaceae*
(Weingewächse).
**Heimat:** Australien,
Tropisches Amerika.
**Aussehen:** *Cissus*-Arten
zählen zu den beliebtesten
Kletterern fürs Zimmer. Sie
wachsen schnell, sind
leicht zu kultivieren und
überall im Handel erhält-
lich. Arten und Sorten:
*C. antarctica,* der Russische
Wein, auch Känguruhwein
oder -klimme genannt. Er
besitzt gabelartige Ranken
und klettert stark. Seine

Blätter sind oval, hart,
hellgrün und etwa 5 bis
8 cm groß. Pro Jahr kann
er gut 1 m zulegen, und
seine Triebe werden über
3 m lang.
*C. rhombifolia* ist
besonders anspruchslos.
Die schönste Varietät
heißt *'Ellen Danica'.*
Man erkennt sie an den
fiederteiligen, manchmal
rötlich überhauchten
Blättern. Die reine Art
besitzt rhombenförmige
Blätter.
Wer ein warmes Blumen-
fenster besitzt, kann sich
von den etwa 350 Arten,
die es gibt, noch *C. dis-*
*color* oder *C. amazonica*
halten. Beide tragen silbrig
gezeichnete Blätter, sind
aber leider nur sporadisch

im Handel zu finden und
auch nicht so leicht zu
pflegen wie die beiden
erstgenannten Arten.
Alle *Cissus*-Arten eignen
sich als Ampelpflanze
oder zur Begrünung von
Gerüsten, Raumteilern
oder Spalieren.
Ausnahme: *C. discolor,*
die im Tropenfenster am
liebsten auf einem Epi-
phytenstamm sitzt.
**Standort:** Mag es hell,
gedeiht auch im Schatten,
keine direkte Sonne.
**Temperatur:** Zimmertemperatur, *C. discolor* nicht
unter 18°C.
**Luftfeuchtigkeit:** Nur für
*C. discolor* wichtig.
**Substrat:** Blumenerde.
Hydrokultur.
**Gießen:** Feucht halten.

**Düngen:** Im Sommer alle
2, im Winter alle 6 Wo-
chen.
**Umtopfen:** Jedes Jahr.
**Vermehren:** Stecklinge.
**Anfällig:** Blattläuse,
Spinnmilben. Verträgt
Pflanzenschutzmittel
schlecht.
**Wichtig:** Wenn die Pflanze
die unteren Blätter abwirft,
im Frühjahr $3/_4$ zurückschneiden.

**Mein Tip:** Bei großen
Pflanzen in Hydrokultur
entfällt das Umtopfen.

*Spezialist in Blattwundern: Der Wunderstrauch.*

*Buntnesseln müssen in der vollen Sonne stehen.*

## Codiaeum ☠
**Kroton,** Wunderstrauch

**Familie:** *Euphorbiaceae* (Wolfsmilchgewächse).
**Heimat:** Südostasien.
**Aussehen:** Von der bekanntesten Art *C. variegatum var. pictum* gibt es unzählige Blattformen und -farben. Die ledrigen Blätter können schmal, lang, breit oder oval sein. Sie sind gewellt, gezähnt oder spiralig eingedreht. Die Blätter verändern oft mit dem Alter ihre Farbe und Form: Sie variieren von Gelb über Grün bis Rot und sind gepunktet, gefleckt oder geädert.

**Standort:** Hell.
**Temperatur:** Auch im Winter nicht unter 15°C.
**Luftfeuchtigkeit:** Hoch.
**Substrat:** Blumenerde. Hydrokultur.
**Gießen:** Reichlich.
**Düngen:** Alle 2 bis 4 Wochen. Im Winter weniger.
**Umtopfen:** Alle 2 Jahre.
**Vermehren:** Stecklinge oder Abmoosen.
**Anfällig:** Spinnmilben.
**Wichtig:** Bei ausreichend Wärme und Feuchtigkeit kann die C. sehr alt werden.

**Mein Tip:** Die Pflanze darf nie »kalte Füße« bekommen, sonst Blattfall.

**Warnung:** Der Pflanzensaft ist haut- und schleimhautreizend.

## Coleus
**Buntnessel**

**Familie:** *Labiatae* (Lippenblütler).
**Heimat:** Asien, Afrika.
**Aussehen:** Die samtig behaarten, feingezähnten Blätter können alle Farben von Creme bis Feuerrot haben. Ihre Muster sind ebenso vielgestaltig wie die Formen. Fürs Zimmer werden fast nur *C. Blumei*-Hybriden kultiviert.
**Standort:** Vollsonnig, sonst keine schöne Blattfärbung.
**Temperatur:** Zimmertemperatur. Im Winter nicht unter 15°C.

**Luftfeuchtigkeit:** Je wärmer der Raum, desto höher muß die Luftfeuchtigkeit sein.
**Substrat:** Blumenerde. Hydrokultur.
**Gießen:** Im Sommer reichlich, bei kühlen Temperaturen sparsamer.
**Düngen:** Wöchentlich.
**Umtopfen:** Bei Bedarf.
**Vermehren:** Stecklinge in Wasser.
**Anfällig:** Rote Spinne.
**Wichtig:** Triebspitzen regelmäßig ausbrechen für buschigen Wuchs.

**Mein Tip:** Stellen Sie die Buntnessel im Sommer nach draußen – an naß-kalten Tagen muß sie ins Zimmer.

## Cordyline
**Keulenlilie**

**Familie:** *Agavaceae* (Agavengewächse).
**Heimat:** Indien, Neuseeland.
**Aussehen:** *C. fruticosa* hat langgestielte, bis zu 50 cm lange Blätter, die rot oder rot-weiß gestreift sind. *C. australis* hat derbe, grüne, stiellose Blätter, die bei einigen Sorten rötlich oder weiß gestreift sind. Bei beiden Arten vertrocknen die Blätter von unten her, so bilden sich Stämme.
**Standort:** *C. fruticosa* Sonne vermeiden, *C. australis* volle Sonne.
**Temperatur:** *C. fruticosa* warm, *C. australis* kühl.
**Luftfeuchtigkeit:** *C. fruticosa* hoch, öfter sprühen.
**Substrat:** Blumenerde, *C. australis* mit $1/3$ Sand. Hydrokultur möglich.
**Gießen:** *C. fruticosa* darf nie ballentrocken werden.
**Düngen:** Alle 3 Wochen, *C. australis* nicht im Winter.
**Umtopfen:** Nach Bedarf.
**Vermehren:** Samen, Kopf- und Stammstecklinge.
**Anfällig:** Rote Spinne.
**Wichtig:** *C. australis* im Sommer ins Freie an einen halbschattigen Platz stellen.

**Mein Tip:** Im Wintergarten gedeihen auch die großen Arten *C. indivisa* und *C. stricta*.

*Cordyline fruticosa bildet im Alter einen Stamm.*

*Der Geldbaum (Crassula) kann sehr alt werden.*

*Cryptanthus bivittatus mit seiner schönen Zeichnung.*

## Crassula
**Dickblatt,** Geldbaum

**Familie:** *Crassulaceae* (Dickblattgewächse).
**Heimat:** Südafrika.
**Aussehen:** Zahlreiche *Crassula*-Arten sind als Zimmerpflanzen bekannt, am beliebtesten jedoch ist *C. ovata,* auch Geldbaum oder »Deutsche Eiche« genannt. Die eiförmigen, dicken Blätter der sukkulenten Pflanze sind graugrün, bei einigen Arten auch gelb gestreift. Ähnlich im Blatt ist *C. arborescens,* die sich eher baumförmig entwickelt.

**Standort:** Hell, sonnig.
**Temperatur:** Zimmertemperatur, verträgt Kühle.
**Luftfeuchtigkeit:** Anspruchslos.
**Substrat:** Blumenerde mit je 1/3 Sand und Lehm. Hydrokultur.
**Gießen:** Sparsam.
**Düngen:** Im Sommer alle 2 Wochen Kakteendünger.
**Umtopfen:** Nach Bedarf.
**Vermehren:** Kopfstecklinge, Blätter.
**Anfällig:** Wurzelläuse.
**Wichtig:** Im Freien vor Sonnenbrand schützen.

**Mein Tip:** Wenn Sie ein uraltes Exemplar entdecken, greifen Sie zu. Nur über 10 Jahre alte Pflanzen blühen!

## Cryptanthus
**Erdstern,** Versteckblüte

**Familie:** *Bromeliaceae* †Ananasgewächse).
**Heimat:** Brasilien.
**Aussehen:** In sternförmigen Rosetten stehen bei *C. acaulis* gewellte grüne, rosa oder bräunliche Blätter, die mit grauen Schuppen besetzt sind. *C. bivittatus* hat gewellte Blätter mit zwei weißen oder rosa Längsstreifen.
**Standort:** Halbschattig. Im Winter sonnig.
**Temperatur:** Nicht unter 18°C. Warmer Fuß.
**Luftfeuchtigkeit:** Verträgt trockene Luft, gedeiht aber bei 60% Luftfeuchtigkeit besser. Nicht sprühen.
**Substrat:** Blumenerde, mit Styromull oder ähnlichem gemischt.
**Gießen:** In die Rosette sparsam gießen.
**Düngen:** Im Sommer alle 2 Wochen mit halber Düngerkonzentration.
**Umtopfen:** Nach Bedarf.
**Vermehren:** Kindel.
**Wichtig:** Den Erdstern nicht auf Epiphytenstämme pflanzen – er geht ein.

**Mein Tip:** In Flaschengärten ist der Erdstern eine dekorative und überraschend vielseitige Pflanze.

**Warnung:** Enthält hautreizende Stoffe.

*Neu und dekorativ: Ctenanthe oppenheimiana.*

*Den Cupressus kann man in jede Form schneiden.*

## Ctenanthe
**Ctenanthe**

**Familie:** *Marantaceae* (Marantengewächse).
**Heimat:** Brasilien.
**Aussehen:** Eine Ctenanthe kann bis zu 1 m hoch werden. Die länglichen Blätter von *C. oppenhei-miana* sind an der Oberseite grün mit silbrigen Streifen, an der Unterseite rot. Die Blätter von *C. lubbersiana* sind an der Oberseite gelb-dunkelgrün marmoriert, an der Unterseite hellgrün.
**Standort:** Hell, aber nicht der direkten Sonne aussetzen.

**Temperatur:** Warm, nicht unter 12°C.
**Luftfeuchtigkeit:** Hoch.
**Substrat:** $1/_2$ Blumenerde, $1/_2$ Laubkompost.
**Gießen:** Reichlich, im Winter nur feucht halten.
**Düngen:** Im Sommer alle 2 Wochen.
**Umtopfen:** Jedes Frühjahr in neue Erde.
**Vermehren:** Durch Steck-linge oder Seitentriebe in gespannter Luft. Bei *C. lubbersiana* durch Blattschöpfe.
**Wichtig:** Bei zu hellem Standort können sich die Blätter einrollen.

**Mein Tip:** Im Sommer muß die Ctenanthe im Zimmer bleiben – dann öfter lüften.

## Cupressus
**Zimmerzypresse**

**Familie:** *Cupressaceae.*
**Heimat:** Südkalifornien.
**Aussehen:** Im Handel ist vor allem die Kulturform *C. macrocarpa 'Goldcrest'.* Die Zimmerzypresse wächst pyramidenförmig – und sie wächst sehr schnell, kann aber pro-blemlos zurückgeschnitten werden.
**Standort:** Ost- oder Nordfenster, gedeiht auch etwas weiter im Raum stehend gut. Vor Sonne schützen.
**Temperatur:** Zimmertem-peratur, im Winter kühl

5 bis 10°C).
**Luftfeuchtigkeit:** Minde-stens 60%.
**Substrat:** Blumenerde oder Rindenhumus.
**Gießen:** Gleichmäßig feucht halten, im Winter bei niedrigen Temperatu-ren sehr wenig.
**Düngen:** Nur im Sommer alle 4 Wochen.
**Umtopfen:** Bei Bedarf im Frühjahr oder Herbst.
**Vermehren:** Durch Kopf-stecklinge im Sommer in gespannter Luft und bei hohen Bodentemperatu-ren. Schwierig.
**Anfällig:** Rote Spinne.
**Wichtig:** Stellen Sie die Zimmerzypresse im Som-mer an einen sonnenge-schützten Platz ins Freie.

*Große Palmfarne sind selten – sie gehören zu den klassischen Zimmerbäumen.*

## Cycas
**Palmfarn**

**Familie:** *Cycadaceae* (Palmfarngewächse).
**Heimat:** Südostasien.
**Aussehen:** Der Palmfarn sieht zwar aus wie eine Palme, gehört aber zu den Palmfarngewächsen, den ältesten Pflanzen der Erde. Alte Exemplare sind fast unerschwinglich.
Junge Pflanzen kann man gut im Zimmer halten, sie wirken mit ihren symmetrischen Wedeln ausgesprochen edel. Die Wedel wachsen sehr langsam aus einem ananasähnlichen kurzen, dicken Stamm heraus, der als Wasserspeicher dient.
**Standort:** Hell, keine direkte Sonne. Westfenster, beschattetes Südfenster.
**Temperatur:** Zimmertemperatur, nicht unter 12°C.
**Luftfeuchtigkeit:** Anspruchslos.
**Substrat:** Blumenerde mit je $1/4$ Sand und Lehm. Hydrokultur möglich.
**Gießen:** Nie austrocknen lassen, aber auch nicht »ertränken«. Gönnen Sie dem Palmfarn Sommer wie Winter wöchentlich eine Dusche!
**Düngen:** Einmal wöchentlich mit Guano oder in Wasser aufgelöstem Trocken-Rinderdung. Mineraldünger nur in halber Konzentration.
**Umtopfen:** Bei Bedaf.
**Vermehren:** Durch Samen bei Bodentemperatur von 30°C, sehr schwierig.
**Anfällig:** Wurzelfäule.
**Wichtig:** Im Sommer ins Freie stellen, nach Eingewöhnung an sonnigen Platz.

**Mein Tip:** Neuerdings werden auch andere, abenso urweltlich anmutende Palmfarne angeboten, zum Beispiel *Zamia furfuracea* oder *Z. integrifolia*. Wie *C. revoluta* wachsen sie langsam und können daher viele Jahre auf wenig Platz gehalten werden. *Zamia*-Arten werden genauso gepflegt wie *Cycas*. Wer die Raritäten noch nicht bekommt, kann sie bei reichlich Bodenwärme auch relativ leicht selbst in Vermiculite aussäen. Die Samen gibt es über Spezial-Versandsämereien.

**Warnung:** In der Literatur sind einzelne Fälle von Tiervergiftungen bekannt.

*Cyperus albostriatus nicht ins Wasser stellen.*

*Der Papyrus kann bis 3 m hoch werden.*

## Cyperus
**Zypergras, Papyrus**

**Familie:** *Cyperaceae* (Riedgrasgewächse).
**Heimat:** Tropen und Subtropen.
**Aussehen:** Zypergras und Papyrus sehen sich nur von weitem ähnlich. Bei *C. alternifolius* sitzen auf bis zu 1 m langen, dünnen Halmen Schöpfe aus schlanken, grünen Hochblättern, die elegant herabhängen. Die weißbunte Varietät *'Variegatus'* ist seltener. Leider vergrünt sie sehr rasch wieder. *C. papyrus* trägt auf dicken, dreieckigen Halmen, die bis zu 3 m hoch werden, nur wenige Hochblätter, dazu aber dicke Büschel fadenartiger, bis zu 25 cm langer Blätter. Als Zimmerpflanze ist weiters *C. albostriatus* bekannt, meist noch unter dem Namen *C. diffusus* im Handel. Die aus Südafrika stammende Art bleibt niedriger und besitzt breite Blätter mit rauhem Rand, die auf niedrigeren Stielen stehen. Alle genannten Zypergräser sind Sumpfpflanzen.
**Standort:** Hell und sonnig, kein Nordfenster.
**Temperatur:** Sehr warm, nicht unter 18°C.
**Luftfeuchtigkeit:** Im Sommer bei hohen Temperaturen hoch. Nicht sprühen.

**Substrat:** Je $1/3$ Blumenerde, Sand und Lehm. Hydrokultur möglich.
**Gießen:** Die Pflanzen müssen im Wasser stehen. Den Topf in einen mit Wasser gefüllten Übertopf stellen, das Wasser kann bis 5 cm über dem Substrat stehen. Wichig ist, daß der Wurzelballen nie austrocknet, auch nicht für kurze Zeit. Dann färben sich die Spitzen der Hochblätter genau wie bei zu trockener Luft braun.
**Düngen:** Im Sommer jede, im Winter alle 6 Wochen.
**Umtopfen:** Alle 2 Jahre.
**Vermehren:** Durch Teilen; bei *C. alternifolius* durch Blattschöpfe, die sich schnell in einer mit Wasser gefüllten Schale bewurzeln.

**Anfällig:** Spinnmilben.
**Wichtig:** *C. albostriatus*, eine kleine Art, darf nicht im Wasser stehen. Sie wird wie eine normale Topfpflanze behandelt.

**Mein Tip:** Legen Sie auf das Substrat große Kieselsteine, dann schwimmt es nicht im Übertopf.
Noch ein Tip: Beide genannten Arten werden von Katzen als Zusatzfutter sehr geschätzt.

Davallien wachsen auf Rindenstücken am besten.

Die Dieffenbachie: Schön an einem Ostfenster.

## Davallia
### Davallie

**Familie:** *Davalliaceae.*
**Heimat:** Mittelmeer, tropisches Asien.
**Aussehen:** Aus bis zu fingerdicken, haarig beschuppten Rhizomen, die sich an eine Baumrinde oder ähnliches klammern, wachsen dreieckige Wedel mit vielen feinen Fiederblättchen. *D. canariensis* ist zierlich, die Blättchen sind dunkelgrün, *D. fejeensis* hat größere, hellgrüne Wedel.
**Standort:** Hell bis halbschattig.
**Temperatur:** *D. canariensis* 12°C, *D. fejeensis* 20°C.

**Luftfeuchtigkeit:** Sehr hoch, am besten in geschlossenes Blumenfenster.
**Substrat:** Rinden, Sphagnum oder Tontöpfe.
**Gießen:** Täglich sprühen.
**Düngen:** Kaum nötig.
**Umtopfen:** Unnötig.
**Vermehren:** Durch Rhizomteilung.
**Wichtig:** Davallien gedeihen gut, wenn man sie auf Tontöpfe bindet. Abzugsloch vorher mit Zement verschließen. Topf soll immer mit Wasser gefüllt sein. Die Rhizome werden so über die Topfwand mit Feuchte versorgt.

**Mein Tip:** Tauchen Sie Ihre Davallie hin und wieder in handwarmes Wasser.

## Dieffenbachia ☠
### Dieffenbachie

**Familie:** *Araceae* (Aronstabgewächse).
**Heimat:** Brasilien.
**Aussehen:** Große, fleischige Blätter wachsen aus einem unverzweigten Stamm. Die Blätter sind grün mit weißer oder cremefarbener Zeichnung. Im Alter fallen die unteren Blätter ab, dann bildet sich eine Art Stamm.
**Standort:** Halbschattig.
**Temperatur:** Warm.
**Luftfeuchtigkeit:** Hoch, im Winter sprühen.
**Substrat:** Blumenerde. Hydrokultur.

**Gießen:** Im Sommer täglich mit weichem Wasser, im Winter gerade feucht halten.
**Düngen:** Im Sommer jede, im Winter alle 4 Wochen.
**Umtopfen:** Alle 2 Jahre.
**Vermehren:** Kopf-, Stammstecklinge bei über 22°C.
**Anfällig:** Spinnmilben.
**Wichtig:** Kahle Pflanzenteile kann man im Frühjahr um 2/3 zurückschneiden, sie treiben wieder aus.

**Mein Tip:** Blüht die Pflanze, den Blütenstand ausbrechen. Sonst stellt sie das Wachstum ein.

**Warnung:** Der Pflanzensaft ist haut- und schleimhautreizend.

## *Dizygotheca*
### Fingeraralie

**Familie:** *Araliaceae*
(Araliengewächse).
**Heimat:** Südsee.
**Aussehen:** Elegante
Pflanze, die bis zu 1,50 m
hoch werden kann. Die
7 bis 11 schmalen, langen
Einzelblättchen stehen
wie Finger einer Hand am
dünnen Stengel. Bei
*D. elegantissima* sind die
Blätter in der Jugend röt-
lich, später dunkelgrün,
bei *D. veitchii* bekommen
die Blätter im Alter eine
weiße Mittelrippe.
**Standort:** Hell, aber nicht
sonnig.
**Temperatur:** Ganzjährig
warm.
**Luftfeuchtigkeit:** Hoch,
geschlossenes Blumenfen-
ster ist günstig.
**Substrat:** Blumenerde.
Hydrokultur.
**Gießen:** Mit enthärtetem
Wasser. Empfindlich gegen
Staunässe und Trocken-
heit.
**Düngen:** Im Sommer alle
2, im Winter alle 4 Wo-
chen.
**Umtopfen:** Alle 2 Jahre,
alte Pflanzen seltener.
**Vermehren:** Durch Samen
– sehr schwierig.
**Anfällig:** Spinnmilben,
Schildläuse.
**Wichtig:** Nie an ein Fenster
stellen, das gekippt wird.
Zugluft ist tödlich!

**Mein Tip:** 2 bis 3 Jungpflanzen in einem Topf
sehen besser aus.

*Die Fingeraralie stellt hohe Ansprüche an Pflege und Standort.*

*Filigraner, bunter Blattschopf: Dracaena marginata.*

*Dekorativ gestreifte Blätter: Dracaena deremensis.*

## Dracaena
**Drachenbaum,**
Drachenlilie, Drazäne

**Familie:** *Agavaceae* (Agavengewächse).
**Heimat:** Asien, Afrika, Kanaren.
**Aussehen:** Im Handel sind die unterschiedlichsten Arten und Sorten. *D. deremensis* hat bis zu 50 cm lange, schmale Blätter mit weißem Mittelstreifen oder, bei einer anderen Sorte, zwei weißen und einem grünen Streifen. *D. draco*, der »Drachenbaum«, bildet im Alter einen dicken Stamm mit einem Schopf bis zu 60 cm

langer Blätter. *D. marginata* ist am einfachsten zu pflegen und wird bis zu 2 m hoch. An der Spitze eines relativ dünnen Stammes sitzt ein Blattschopf aus schmalen grünen Blättern mit rotem Rand. Die Sorte *'Tricolor'* hat rosa-creme-grün gestreifte Blätter. *D. reflexa* besitzt etwas breitere, gelb-grün gestreifte Blätter und bleibt relativ niedrig. *D. surculosa* (im Handel als *D. godseffiana*) ist stark verzweigt und hat dunkelgrüne Blätter mit gelben Flecken, die im Alter zu geschlossenen Flächen zusammenlaufen. *D. fragrans* wird meist als »Ti-plant« angeboten, als Stammstück mit einem

oder mehreren Trieben.
**Standort:** Hell, nicht in der vollen Sonne.
**Temperatur:** *D. fragrans*, *D. deremensis*, *D. marginata* und *D. surculosa* warm, 18 bis 25°C. *D. draco* verträgt niedrigere Temperaturen.
**Luftfeuchtigkeit:** *D. deremensis* und *D. fragrans* vertragen Zimmerluft, alle anderen brauchen mindestens 60% Luftfeuchtigkeit. Öfter einnebeln.
**Substrat:** Blumenerde. Hydrokultur.
**Gießen:** Feucht halten, nicht austrocknen lassen, Staunässe vermeiden.
**Düngen:** Im Sommer alle 2, im Winter alle 4 Wochen.

**Umtopfen:** Alle 2 Jahre im Sommer.
**Vermehren:** Kopf- und Stammstecklinge bei Temperaturen von 25°C; durch Samen.
**Anfällig:** Wurzelfäule.
**Wichtig:** Sind durch zu tiefe Temperaturen einmal alle Blätter abgefallen, Pflanze in einen warmen Raum stellen. Es werden sich bald neue bilden. Keine Blattglanzmittel verwenden.

**Mein Tip:** *D. draco* und *D. fragrans* können im Sommer im Freien an einem halbschattigen Platz stehen.

*Hat viele dekorative Arten: Die Echeverie.*

*Die Efeutute ist ein besonders dankbarer Ranker.*

## Echeveria
### Echeverie

**Familie:** *Crassulaceae* (Dickblattgewächse).
**Heimat:** Mittel- und Südamerika.
**Aussehen:** Die Pflanze bildet kugelige oder flache Rosetten, meist ohne Stamm. Die Blätter sind oft bereift oder fein behaart. *E. elegans* hat hellgrau-grüne Blätter mit durchscheinenden Rändern, *E. derenbergii* dunkelgrüne, spatelige Blätter. Stehen die Echeverien im Winter kühl, bilden sich im Frühjahr kleine, glockige Blüten an saftigen Stielen.

**Standort:** Volle Sonne.
**Temperatur:** Zimmertemperatur, im Winter bis 16°C.
**Luftfeuchtigkeit:** Verträgt Trockenheit.
**Substrat:** Blumenerde mit je $1/4$ Sand und Lehm.
**Gießen:** Behaarte Sorten fast trocken halten, alle anderen nur feucht.
**Düngen:** Im Sommer alle 2 Wochen mit Kakteendünger.
**Umtopfen:** Bei Bedarf.
**Vermehren:** Blattstecklinge, Ableger, Samen.
**Anfällig:** Wurzelfäule.

**Mein Tip:** Achtung beim Aufenthalt im Freien: Sonnenbrandgefahr. Außerdem vor zuviel Regen schützen.

## Epipremnum
### Efeutute

**Familie:** *Araceae* (Aronstabgewächse).
**Heimat:** Asien.
**Aussehen:** Die hübsche Ampelpflanze kann im Alter bis zu 10 m lange Triebe bilden und ganze Wände oder Zimmerdecken beranken. Meist aber sieht man die Jugendform der Efeutute mit herzförmigen, grün-gold gemusterten Blättern. Ist der Standort zu dunkel, bilden sich ausschließlich grüne Blätter.
**Standort:** Hell bis halbschattig.

**Temperatur:** Nicht tiefer als 16°C, kein kalter Fuß.
**Luftfeuchtigkeit:** Verträgt trockene Zimmerluft.
**Substrat:** Blumenerde. Hydrokultur.
**Gießen:** Je kühler, desto weniger gießen.
**Düngen:** Im Sommer jede, im Winter alle 4 Wochen.
**Umtopfen:** Nach Bedarf.
**Vermehren:** Stecklinge.
**Anfällig:** Wurzelfäule.
**Wichtig:** Die Efeutute ist auch unter den Namen *Scindapsus* und *Rhapidophora* im Handel.

**Mein Tip:** Verträgt keine Zugluft. An kalten Tagen Fenster nicht kippen.

**Warnung:** Haut- und schleimhautreizende Stoffe.

*Grün oder goldgrün im Blatt: Euonymus japonica.*

*Euphorbia erythraeae, eine von vielen Arten.*

## Euonymus
### Spindelstrauch

**Familie:** *Celastraceae* (Spindelstrauchge-wächse).
**Heimat:** Japan, Korea.
**Aussehen:** Für die Zimmer-kultur eignet sich nur *E. japonica.* Je nach Sorte sind die ledrigen Blätter dunkelgrün mit weißem oder gelbem Rand oder grün mit weißen Flecken. Die Triebe sind in der Jugend grün mit weißen oder gelben Flecken und werden, wenn sie verhol-zen, braun.
**Standort:** Hell, im Winter einige Stunden Sonne.

**Temperatur:** Kühl, bis höchstens 18°C.
**Luftfeuchtigkeit:** Bei hö-heren Zimmertemperatu-ren hoch.
**Substrat:** Blumenerde.
**Gießen:** Während der Wachstumszeit mäßig, im Winter fast trocken halten.
**Düngen:** Im Sommer alle 2 Wochen.
**Umtopfen:** Bei Bedarf.
**Vermehren:** Kopfsteck-linge in gespannter Luft.
**Anfällig:** Mehltau.
**Wichtig:** Man setzt immer 3 bis 4 Pflanzen in einen Topf.

**Mein Tip:** Mehr Freude hat man, wenn man *Euonymus* als Kübelpflan-ze oder im Wintergarten hält.

## Euphorbia ☠
### Wolfsmilch ☠

**Familie:** *Euphorbiaceae* (Wolfsmilchgewächse).
**Heimat:** Afrika.
**Aussehen:** Die Gattung *Euphorbia* umfaßt eine Vielzahl von Arten, auch blühender. Als Blattpflan-zen sind vor allem die sukkulenten *E. tirucalli* und *E. pseudocactus* sehr beliebt. Die pittoresk wir-kende *E. tirucalli* wird bis zu 3 m hoch. Die reich-verzweigten Äste tragen kurzfristig Blättchen, die bald wieder abfallen. Üb-rig bleiben glänzend grü-ne, dünne, kahle Zweige.

*E. pseudocactus* wird bis zu 1,50 m hoch und trägt lange Dornen.
**Standort:** Sonnig.
**Temperatur:** Zimmertem-peratur, nicht kühler als 10°C.
**Luftfeuchtigkeit:** Verträgt trockene Luft.
**Substrat:** Blumenerde, gemischt mit Kakteenerde. Hydrokultur möglich.
**Gießen:** Sehr sparsam – erst wenn das Substrat trocken ist.
**Düngen:** Alle 4 Wochen mit Kakteendünger.
**Umtopfen:** Nach Bedarf.
**Vermehren:** Durch Kopf-stecklinge.
**Warnung:** Enthält haut-und schleimhautreizende Stoffe. Auch für Haustiere gefährlich.

*Kreuzung aus Efeu und Aralie: Fatshedera.*

*Muß in einem großen Topf stehen: Die Aralie.*

## Fatshedera
### Efeuaralie

**Familie:** *Araliaceae* (Araliengewächse).
**Aussehen:** Die Efeuaralie ist eine Kreuzung zwischen Aralie *(Fatsia)* und Efeu *(Hedera)*. An bis zu 1,50 m langen dünnen, aufrecht stehenden Trieben wachsen fünflappige, dunkelgrün glänzende Blätter, die bei *F. lizei* 'Variegata' weiß gezeichnet sind.
**Standort:** Hell bis halbschattig.
**Temperatur:** Zimmertemperatur, im Winter um 10°C.

**Luftfeuchtigkeit:** Wenn die Pflanze im Winter im geheizten Zimmer bleibt, oft sprühen.
**Substrat:** Blumenerde. Hydrokultur.
**Gießen:** Mäßig, in der Ruhezeit noch weniger.
**Düngen:** Im Sommer alle 2 Wochen.
**Umtopfen:** Jährlich in einen größeren Topf.
**Vermehren:** Kopfstecklinge und Abmoosen.
**Anfällig:** Blattläuse.
**Wichtig:** Kann im Sommer an einem schattigen Platz draußen stehen.

**Mein Tip:** Schneiden Sie die Triebe im Frühjahr um ¹/₄ zurück, so wird die Pflanze buschiger.

## Fatsia
### Zimmeraralie

**Familie:** *Araliaceae* (Araliengewächse).
**Heimat:** Japan.
**Aussehen:** Schnell wird aus einer Jungpflanze eine bis zu 1,50 m große Pflanze mit riesigen, sieben- bis neunlappigen, glänzend grünen Blättern, die an einem kurzen Stamm stehen. Es gibt auch eine gelb panaschierte Sorte, die aber kälteempfindlich ist.
**Standort:** Hell.
**Temperatur:** Zimmertemperatur.
**Luftfeuchtigkeit:** Verträgt trockene Luft.

**Substrat:** Blumenerde. Hydrokultur.
**Gießen:** Im Sommer zweimal täglich, im Winter Ballen nur feucht halten.
**Düngen:** Im Sommer jede Woche, im Winter alle 6 Wochen.
**Umtopfen:** Bei Bedarf.
**Vermehren:** Kopfstecklinge, Abmoosen, Samen.
**Anfällig:** Spinnmilben.
**Wichtig:** Muß im Sommer ins Freie an einen halbschattigen Platz.

**Mein Tip:** Aralien werden nur groß und schön, wenn sie in einem ausreichend großen Topf stehen.

**Warnung:** Enthält Polyine (Giftstoffe).

*Der Gummibaum, Klassiker unter den Grünpflanzen.*

*Kleiner Bruder des Gummibaums: Ficus pumila.*

## Ficus
**Gummibaum,** Feige

**Familie:** *Moraceae* (Maulbeerbaumgewächse).
**Heimat:** Tropen und Subtropen.
**Aussehen:** Die meisten *Ficus* werden sehr groß. Allerdings gibt es auch kletternde und kleine Arten, die aufs Fensterbrett passen. Zu den »Großen« gehört der altbekannte Gummibaum, *F. elastica,* mit großen ledrigen Blättern, die sich aus hellroten Blattscheiden entwickeln. Es gibt auch gelb panaschierte Arten. *F. benjamina,* die Birken-

feige, hat zarte hell- bis dunkelgrüne, bei einigen Arten weiß oder gelb panaschierte Blätter und bildet elegant überhängende Zweige. *F. lyrata,* die Geigenfeige, wird sehr groß und ist mit ihren großen, gewellten, lyraförmigen Blättern besonders dekorativ. Man muß diesen *Ficus* stutzen, damit er Seitentriebe bildet. *F. buxifolia* ähnelt im Blatt dem Buchsbaum, er bleibt relativ klein. *F. sagittata* wächst sehr elegant mit lanzettlichen, ledrigen Blättern und hängenden Trieben. *F. retusa* hat dunkelgrüne, ledrige, ovale Blätter, viel kleinere als der Gummibaum. Er wächst besonders breit, dafür

aber niedriger. *F. pumila* ist eine Kletterpflanze, die Luftwurzeln bildet. Auch hier gibt es eine Sorte mit gelb panaschierten Blättern.
**Standort:** So hell wie möglich.
**Temperatur:** Zimmertemperatur, die Erde sollte noch etwas wärmer sein. Grünblättrige *Ficus* vertragen kühlere Räume besser als bunte.
**Luftfeuchtigkeit:** Nicht unter 50 %. Öfter sprühen.
**Substrat:** Blumenerde. Hydrokultur möglich.
**Gießen:** Wurzelballen nur feucht halten, keine Staunässe!
**Düngen:** Im Sommer alle 2 Wochen, im Herbst/Winter nur ab und zu.

**Umtopfen:** Bei Bedarf.
**Vermehren:** Durch Stecklinge bei hoher Temperatur und Abmoosen.
**Anfällig:** Schildläuse, Spinnmilben.
**Wichtig:** Im Sommer sollten *Ficus* ins Freie an einen sonnengeschützten Platz gestellt werden. Im Winter großblättrige Arten abduschen oder abwaschen.

**Mein Tip:** Die meisten großen *Ficus*-Arten verlieren in der trockenen Heizungsluft ständig Blätter – im Sommer treiben aber neue nach.

*Filigraner Zimmerbaum: Die Grevillea.*

*'Gloire de Marengo', ein ganz besonderer Efeu.*

## Grevillea
**Australische Silbereiche**

**Familie:** *Proteaceae* (Proteusgewächse).
**Heimat:** Australien.
**Aussehen:** Diese Pflanze mit ihren silbriggrünen gefiederten Blättchen kann im Topf bis zu 2 m hoch werden, und das innerhalb von wenigen Jahren.
**Standort:** Sehr hell, nur im Winter Sonne.
**Temperatur:** Nicht zu warm, im Winter bis 18°C.
**Luftfeuchtigkeit:** Im warmen Zimmer hoch. Nicht sprühen.

**Substrat:** Lauberde und Lehm. Hydrokultur.
**Gießen:** Im Sommer gut feucht halten, im Winter sparsam gießen.
**Düngen:** Im Sommer jede Woche, im Winter nicht.
**Umtopfen:** Bei Bedarf; unter Umständen sogar zweimal im Jahr.
**Vermehren:** Samen.
**Anfällig:** Rote Spinne, Kalk in Substrat und Gießwasser.
**Wichtig:** Im Sommer ins Freie an einen halbschattigen Platz stellen. Niemals stutzen.

**Mein Tip:** Großgewachsene Grevilleen sind als »Türsteher« draußen wie drinnen dekorativ.

## Hedera
**Efeu**

**Familie:** *Araliaceae* (Araliengewächse).
**Heimat:** Subtropen.
**Aussehen:** Es gibt eine große Vielfalt von *H.-helix*-Sorten, die sich auch für nicht ganz helle Standorte eignen. Allen ist die Blattform eigen: drei- bis fünffach gelappt und ledrig. Besonders beliebt sind Efeu-Arten mit weißen, gelben oder goldfarbenen Zeichnungen.
**Standort:** Buntblättrige Sorten hell. Grüne Sorten eignen sich gut fürs Nordfenster.

**Temperatur:** Zimmertemperatur. Bunte Sorten wärmer, nicht unter 15°C.
**Luftfeuchtigkeit:** An warmen Standorten hoch.
**Substrat:** Blumenerde. Hydrokultur.
**Gießen:** Substrat ständig leicht feucht halten.
**Düngen:** Im Sommer jede, im Winter alle 4 Wochen.
**Umtopfen:** Jedes Jahr.
**Vermehren:** Kopfstecklinge in Wasser.
**Warnung:** Enthält haut- und schleimhautreizende Stoffe.

*So vielseitig ist Efeu im Zimmer.* ▷
*Oben links: H. helix 'Alt-Heidelberg'. Oben rechts: H. helix 'Faufinger'. Unten: H. helix 'Gertrud Strauss'.*

*Die Howeia kann auch mitten im Raum stehen.*

*Möchte es immer schön warm: Hypoestes.*

## Howeia
**Kentiapalme**

**Familie:** *Palmae*
(Palmen).
**Heimat:** Australien.
**Aussehen:** *H. forsteriana,*
wird bis zu 2,50 m hoch
und 3 m breit und hat weit
überhängende Wedel.
*H. belmoreana* wird ebenso hoch, aber durch ihr
aufrechtes Wachstum nur
etwa 1,80 m breit. Die
dunkelgrünen Wedel sind
reich gefiedert.
**Standort:** Sie können an
einem dunkleren Platz
stehen, gedeihen jedoch
an einem hellen, aber nicht
vollsonnigen Platz besser.

**Temperatur:** Bis 25°C,
nicht kühler als 15°C.
**Luftfeuchtigkeit:** Verträgt
trockene Luft.
**Substrat:** Blumenerde mit
1/3 Lehm. Hydrokultur.
**Gießen:** Erde feucht
halten.
**Düngen:** Im Sommer jede
Woche.
**Umtopfen:** Bei Bedarf.
**Vermehren:** Samen.
**Anfällig:** Spinnmilben,
Blattläuse, Herzfäule bei
Staunässe.
**Wichtig:** Im Sommer ins
Freie stellen. Vor Mittags-
sonne schützen.

**Mein Tip:** Dankbar ist die
Kentiapalme im Winter für
eine Dusche in der Bade-
wanne – das beugt auch
Schädlingsbefall vor.

## Hypoestes
**Hüllenklaue**

**Familie:** *Acanthaceae*
(Akanthusgewächse).
**Heimat:** Südafrika.
**Aussehen:** Von dieser
Pflanze wird nur eine Art,
*H. phyllostachya,* als Zim-
merpflanze kultiviert, aber
mit mehreren Sorten. Im
Alter wird sie zwar groß,
aber auch kahl. Die olivfar-
benen Blätter haben rosa-
rote oder weiße Flecken.
Aus den Blattachseln wach-
sen kleine Seitentriebe.
**Standort:** Hell, mit einigen
Stunden Sonne.
**Temperatur:** Zimmertem-
peratur, nicht unter 15°C.

**Luftfeuchtigkeit:** Hoch.
Nicht sprühen.
**Substrat:** Blumenerde.
**Gießen:** Im Sommer
feucht, aber nicht naß
halten, im Winter weniger
gießen.
**Düngen:** Alle 2, im Winter
alle 6 Wochen.
**Umtopfen:** Nur selten.
**Vermehren:** Samen; Steck-
linge in Wasser.
**Wichtig:** Stellen Sie den
*Hypoestes* im Sommer ins
Freie an einen sonnen-
geschützten Platz.

**Mein Tip:** Die Wurzeln
faulen, wenn das Substrat
kalt ist. Hängepflanzen
deshalb in eine mit Torf
oder Styroporkugeln ge-
füllte Ampel setzen.

*Feuerwerk im Topf: Die rote Iresine.*

*Liebt es warm und feucht: Maranta 'Kerchoviana'.*

## Iresine
**Iresine**

**Familie:** *Amaranthaceae* (Fuchsschwanzgewächse).
**Heimat:** Südamerika.
**Aussehen:** Die Iresine ist nicht nur anspruchslos, sie ist auch inmitten von Grünpflanzen ein lustiger, feuerroter Farbfleck. Im Laufe eines Jahres bildet sich aus einer Jungpflanze ein dichter Busch mit weichen Stengeln und roten Blättern.
**Standort:** So hell es geht. An dunklem Standort verliert sich das leuchtende Rot.
**Temperatur:** Zimmertemperatur, nicht unter 15°C.

**Luftfeuchtigkeit:** Empfindlich gegen sehr trockene Zimmerluft.
**Substrat:** Blumenerde.
**Gießen:** Gerade feucht halten.
**Düngen:** Im Sommer jede Woche, im Winter alle 6 Wochen.
**Umtopfen:** In jedem Jahr junge Pflanzen ziehen, ältere werden unansehnlich.
**Vermehren:** Stecklinge in Wasser.
**Wichtig:** Jungpflanzen öfter entspitzen, damit sie buschig wachsen.

**Mein Tip:** Setzen Sie die Iresine im Sommer zu den Balkonblumen in den Kasten – hier wird sie besonders üppig.

## Maranta
**Marante**

**Familie:** *Marantaceae* (Marantengewächse).
**Heimat:** Südamerika.
**Aussehen:** Aus zusammengerollten Blattscheiden entwickeln sich große, länglich-ovale Blätter mit interessanten Zeichnungen: Bei der Sorte *'Erythroneura'* sind die Blattadern leuchtend rot, die Unterseiten purpurrot. Das Blatt der *'Massangeana'* hat helle Mittelrippen und braune Flecken. Bei *'Kerchoviana'* ist das Blatt smaragdgrün, die Zeichnung dunkelgrün-braun.

**Standort:** Hell.
**Temperatur:** Sehr warm, nicht unter 15°C.
**Luftfeuchtigkeit:** Hoch, täglich sprühen.
**Substrat:** Blumenerde mit Styromull.
**Gießen:** Im Sommer Substrat feucht, im Winter fast trocken halten.
**Düngen:** Alle 2 Wochen.
**Umtopfen:** Bei Bedarf.
**Vermehren:** Teilen, Stecklinge.
**Anfällig:** Spinnmilben.
**Wichtig:** *'Kerchoviana'* gedeiht im Zimmer, alle anderen im geschlossenen Blumenfenster.

**Mein Tip:** Maranten kann man gut in flachen Schalen halten.

*Kann riesig werden: Monstera.*

*Ändert die Farbe nach der Blüte: Neoregelia.*

## Monstera
### Fensterblatt

**Familie:** *Araceae*
(Aronstabgewächse).
**Heimat:** Mexiko.
**Aussehen:** *M. deliciosa*
kann im Zimmer bis 5 m
hoch werden. Die Blätter
älterer Pflanzen sind oft
bis zur Mittelrippe einge-
schnitten und mit kleinen
Gucklöchern versehen.
Lange Luftwurzeln.
**Standort:** Kann an halb-
schattigem Platz im Zim-
mer stehen.
**Temperatur:** Zimmertemperatur.
**Luftfeuchtigkeit:** Um
60%. Öfter sprühen.

**Substrat:** Blumenerde.
Hydrokultur.
**Gießen:** Feucht halten.
**Düngen:** Alle 2, im Winter
alle 4 Wochen. In kühlen
Räumen stellt die *M.* das
Wachstum ein – nicht
mehr düngen.
**Umtopfen:** Alle 2 Jahre,
alte Pflanzen weniger.
**Vermehren:** Kopfsteck-
linge mit Luftwurzeln, die
in die Erde kommen.
**Anfällig:** Wurzelfäule.
**Wichtig:** Blätter öfter
säubern.
**Warnung:** Enthält haut-
und schleimhautreizende
Stoffe.

## Neoregelia
### Bromelie

**Familie:** *Bromeliaceae*
(Ananasgewächse).
**Heimat:** Brasilien.
**Aussehen:** Die schmalen,
schwertförmigen Blätter
bilden eine flache Rosette.
Zur Blütezeit verändert
sich bei den meisten Arten
die Blattfarbe dramatisch:
Die einen bekommen
leuchtend rote Blattspitzen
(*N. spectabilis*), wieder
andere rote Herzblätter
(*N. carolinae*). Diese schö-
ne Färbung bleibt über
Monate erhalten.
**Standort:** Hell, mit etwas
Sonne.

**Temperatur:** Zimmer-
temperatur.
**Luftfeuchtigkeit:** Recht
hoch. Nicht sprühen.
**Substrat:** Mager, Torf mit
Styromull. Auch auf Epi-
phytenstämmen und in
Hydrokultur.
**Gießen:** Mit weichem
Wasser in den Trichter,
Ballen feucht.
**Düngen:** Alle 2 Wochen
halbe Konzentration, auch
in den Trichter.
**Umtopfen:** Nicht nötig.
**Vermehren:** Kindel.
**Wichtig:** Alle 2 Wochen
das stehende Wasser aus
dem Trichter abgießen,
frisches Wasser geben.

**Mein Tip:** Stellen Sie die
*Neoregelia* an regneri-
schen Tagen ins Freie.

*Der Schwertfarn muß sorgsam gepflegt werden.*

*Rote Herzblätter zur Blütezeit: Nidularie.*

## Nephrolepis
**Schwertfarn,**
Nierenschuppenfarn

**Familie:** *Nephrolepida-ceae.*
**Heimat:** Tropen, Sub-tropen.
**Aussehen:** *N. cordifolia* hat hellgrüne, 60 cm lange Wedel und *N. exaltata* noch längere Wedel, die sehr fein gefiedert sind. Aus den Rhizomen wach-sen geschuppte Ausläufer, die wie Luftwurzeln herun-terhängen.
**Standort:** Hell, ohne Son-ne bis halbschattig.
**Temperatur:** Zimmertem-peratur.

**Luftfeuchtigkeit:** Im war-men Zimmer hoch. Täglich sprühen.
**Substrat:** Blumenerde. Hydrokultur möglich.
**Gießen:** Ballen feucht halten.
**Düngen:** Im Sommer alle 4 Wochen.
**Umtopfen:** Jedes Jahr.
**Vermehren:** Durch Ausläu-fer. Sporen schwierig.
**Wichtig:** Einen spärlich gefiederten Wedel sofort abschneiden, sonst dege-neriert der Farn.

**Mein Tip:** Wenn Sie mit kalkfreiem Wasser (Regenwasser) gießen, haben Sie länger Freude an der Pflanze.

## Nidularium
**Nidularie,** Nestrosette

**Familie:** *Bromeliaceae* (Ananasgewächse).
**Heimat:** Brasilien.
**Aussehen:** Wenn die Pflanze blüht, bilden sich im Herzen der Rosette aus langen, weichen Blättern 5 bis 7 leuchtend rote Blätter. Die Färbung bleibt, bis die Pflanze nach einigen Mo-naten abstirbt. Während der Blütezeit bilden sich Kindel. *N. innocentii* hat dunkelgrüne Blätter, die an der Unterseite metallisch glänzen. Einige Sorten haben cremefarbene Längsstreifen. *N. purpu-*

*reum* bildet aufrechtere Rosetten, die Färbung ist bräunlichrot.
**Standort:** Hell, nicht son-nig.
**Temperatur:** Zimmertem-peratur, im Winter nicht unter 18°C.
**Luftfeuchtigkeit:** Hoch.
**Substrat:** Blumenerde. Hydrokultur.
**Gießen:** Ballen feucht halten, in den Trichter gießen.
**Düngen:** Alle 2 Wochen.
**Umtopfen:** Nicht nötig.
**Vermehren:** Kindel.
**Wichtig:** Wasser im Trich-ter immer erneuern.

**Mein Tip:** Entfernen Sie die Jungpflanzen (Kindel) erst, wenn sie 4 Blätter haben.

*Der Schraubenbaum steht im Alter auf Stelzwurzeln.*

*Liegt flach am Boden: Der Pellefarn.*

## Pandanus
**Schraubenbaum**

**Familie:** *Pandanaceae* (Schraubenbaumgewächse)
**Heimat:** Afrika, Indien.
**Aussehen:** Ausgewachsene Pflanzen bilden im Topf einen bis zu 1,50 m hohen Stamm, an dem oben in einem Schopf schwertförmige, gebogene Blätter stehen, die wie Windungen einer Schraube angeordnet sind. Nach 2 Jahren fleischige Stelzwurzeln.
**Standort:** Hell, einige Stunden Sonne.
**Temperatur:** Warm, nicht unter 15°C.

**Luftfeuchtigkeit:** Keine besonderen Ansprüche.
**Substrat:** Blumenerde mit $1/_3$ Lehm. Hydrokultur.
**Gießen:** Substrat feucht halten.
**Düngen:** Im Sommer jede Woche, im Winter alle 4 Wochen.
**Umtopfen:** Selten.
**Vermehren:** Seitensprosse.
**Wichtig:** Trotz der stützenden Luftwurzeln an Bambusstab binden.

**Mein Tip:** Die Stelzwurzeln schieben die Pflanze mit der Zeit aus dem Topf. Beim Umtopfen kein größeres Gefäß verwenden – sonst wird die Pflanze zu groß fürs Zimmer.

## Pellaea
**Pellefarn**

**Familie:** *Sinopteridaceae* (Sinopteris-Farngewächse).
**Heimat:** Neuseeland.
**Aussehen:** Nicht typisch für das Erscheinungsbild eines Farns ist die bekanntere Art *P. rotundifolia*. Die nur 20 cm langen Wedel mit den runden, ledrigen Fiederblättchen liegen fast flach am Boden an, im Topf hängen sie über.
**Standort:** Hell, nur im Winter Sonne.
**Temperatur:** Eher kühl. Bis 18°C werden vertragen.

**Luftfeuchtigkeit:** Bei Zimmertemperaturen über 20°C täglich sprühen.
**Substrat:** Blumenerde.
**Gießen:** Nur mäßig, empfindlich gegen Staunässe.
**Düngen:** Alle 4 Wochen.
**Umtopfen:** Jedes Jahr.
**Vermehren:** Sporen oder Rhizomteilung.
**Wichtig:** *P. rotundifolia* kann in eine flache Schale gesetzt werden.

**Mein Tip:** Stellen Sie den Pellefarn im Sommer ins Freie – aber in den Schatten!

Duftpelargonie Pelargonium odoratissimum.

Pelargonium graveolens duftet nach Zitronen.

## Pelargonium
**Blattpelargonie,**
Duftpelargonie

**Familie:** *Geraniaceae*
(Storchschnabel-
gewächse).
**Heimat:** Südafrika.
**Aussehen:** Im Gegensatz
zu den für Balkon und
Fensterbrett beliebten
Pelargonien mit überrei-
chem Blütenschmuck
erfreuen Blattpelargonien
durch besonders schön
geformtes und gefärbtes
Blattwerk. Ihre Blüten sind
eher klein. Blattpelargo-
nien können im Gegensatz
zu blühenden Arten gut
das ganze Jahr über im

Zimmer gehalten werden.
Je nach Sorte sind die
Blätter mehr oder weniger
gezähnt und mit weiß-grü-
nen, weiß-grün-roten,
grün-schwarzen oder
grün-gelben Zeichnungen
versehen, die immer der
Form des Blattes folgen.
Eine andere Art der Blatt-
pelargonien sind die Duftpelargonien, die eher
unscheinbare Blätter ha-
ben, aber sehr aromatisch
duften. Es handelt sich
dabei meist um Wildfor-
men, die in ihrer Heimat
Afrika sogar zur Parfüm-
herstellung verwendet
werden. Die Blätter der
meisten Duftpelargonien
sind klein, dunkelgrün bis
graugrün, die Blüten un-
scheinbar. Je nach Sorte

duften die Pelargonien
nach Rosen, Äpfeln, Oran-
gen, Zitronen, Mandeln,
Kiefern, Moschus, Balsam
oder Minze.
**Standort:** Hell bis sonnig,
luftig. West- und Süd-
fenster.
**Temperatur:** Zimmertemperatur, im Winter 10 bis
12°C.
**Luftfeuchtigkeit:** Lieber
trockene als feuchte Luft.
**Substrat:** Blumenerde.
**Gießen:** Im Sommer gut
feucht halten. Im Winter
sparsam gießen, Substrat
gerade feucht.
**Düngen:** Im Sommer jede,
im Winter alle 6 Wochen.
**Umtopfen:** Jedes Jahr in
frische Erde.
**Vermehren:** Durch Kopfstecklinge.

**Anfällig:** Weiße Fliege.
**Wichtig:** Blatt- und Duftpelargonien sollten in
jedem Herbst kräftig zu-
rückgeschnitten werden,
damit sie sich im Frühjahr
wieder buschig ver-
zweigen.

**Mein Tip:** Mehrere Duftpelargonien können im
Zimmer so kräftig duften,
daß es unangenehm wird.
Eine Pflanze im Raum
genügt.

*Etwas für Sammler: die vielen Peperomia-Arten.*

*Peperomia obtusifolia hat fleischige Blätter.*

## Peperomia
**Zwergpfeffer**

**Familie:** *Piperaceae* (Pfeffergewächse).
**Heimat:** Tropisches Amerika.
**Aussehen:** Meist klein-bleibende, krautig wach-sende Pflanzen mit dicken, unterschiedlich großen und immer wieder anders geformten, gefärbten und strukturierten Blättern. Hübsche Sammlerpflanze – auch für Leute mit wenig Platz. Bekannteste Arten und Sorten:
*P. obtusifolia* mit leicht sukkulenten Blättern und gelb-grün gefärbten

Varianten wie *'Greengold'* oder *'USA'*.
*P. caperata* mit stark runze-ligem Laub. Die Sorte *'Tricolor'* hat weißgerän-derte Blätter.
Überhängend wachsen *P. serpens* und *P. glabella*, zwei hübsche Ampelpflan-zen.
*P. argyreia* wächst wie *P. caperata* rosettig und ist mit ihren silbergestreiften Blättern wohl die bekann-teste Art.
**Standort:** Grünblättrige Arten und Sorten hell, aber nicht sonnig, im Som-mer auch halbschattig. Buntblättrige so hell wie möglich stellen. Die Pflanzen vertragen im Winter auch einige Son-nenstunden.

**Temperatur:** So warm wie möglich, nie unter 13°C.
**Luftfeuchtigkeit:** Minde-stens 50%, vor allem während der Wachstums-zeit von März bis Oktober; sonst kann Blattfall bei hohen Zimmertemperatu-ren auftreten.
**Substrat:** Blumenerde. Hydrokultur.
**Gießen:** Nur leicht feucht halten. Bei zuviel Wasser werden die Blätter abge-worfen. Oft geht sogar die ganze Pflanze ein.
**Düngen:** Alle 3, im Winter alle 6 Wochen.
**Umtopfen:** Jedes Jahr.
**Vermehren:** Durch Kopf-stecklinge, bei rosettigen Arten durch Blattsteck-linge.

**Anfällig:** Stengel- und Blattfäule bei zu niedrigen Temperaturen und zuviel Nässe.

**Mein Tip:** Einige *P.*-Arten kann man als Ampelpflan-zen in flachen Schalen ziehen und bei Bedarf im Frühjahr zurückschneiden, wenn sie kahl aussehen. Das regt die Pflanze zur Ausbildung neuer Seiten-sprosse an.

## Philodendron
**Baumfreund**

**Familie:** *Araceae*
(Aronstabgewächse).
**Heimat:** Südamerika.
**Aussehen:** Kletterer mit
langen Luftwurzeln, die
auch im Topf bis zu 2,50 m
hoch werden können.
Arten und Sorten: *P. bipen-*
*nifolium, P. 'Burgundy',*
*P. erubescens, P. melano-*
*chrysum,* P. scandens,
P. selloum.
**Standort:** Hell bis halb-
schattig.
**Temperatur:** Warm, nie
unter 15°C.
**Luftfeuchtigkeit:** Fast alle
Arten vertragen trockene
Zimmerluft.
**Substrat:** Blumenerde.
Hydrokultur möglich.
**Gießen:** Nur feucht halten.
**Düngen:** Alle 2, im Winter
alle 4 bis 6 Wochen.
**Umtopfen:** Jungpflanzen
jedes Jahr, alte Pflanzen
bei Bedarf.
**Vermehren:** Durch Steck-
linge und Abmoosen (klet-
ternde Arten).
**Anfällig:** Wurzelfäule bei
zu nassem Substrat und zu
kaltem Fuß.
**Wichtig:** Kein Blattglanz-
mittel verwenden, sehr
empfindlich.

**Mein Tip:** »Philos« können sehr groß werden.
Dann sollte man sie an
einen Stützstab binden.
Auf Zimmerhöhe zurück-
schneiden schadet nicht.

**Warnung:** Enthält hautreizende Stoffe.

*Philodendron 'Red Emerald'. Große Pflanzen müssen angebunden werden.*

*Phoenix roebelenii hat fein gefiederte Wedel.*

*Phoenix canariensis bekommt bis 2 m lange Wedel.*

## Phoenix
**Dattelpalme**

**Familie:** *Palmae*
(Palmen).
**Heimat:** Tropen und Sub-tropen.
**Aussehen:** In Zimmerkul-tur wird vor allem *P. cana-riensis* gehalten, aber man kann aus Dattelkernen auch leicht eine »echte« Dattelpalme, *P. dactylife-ra,* ziehen. *P. canariensis* hat sehr harte, bis zu 2 m lange Wedel, die sich leicht nach unten biegen. Sie kann bis zu 2 m hoch und bei guter Pflege recht breit werden. Der Stamm bleibt immer kurz. Zierlicher

ist die stammbildende *P. roebelenii.* Der Fieder-schopf ist sehr dicht, die Wedel sind viel feiner als bei *P. canariensis,* können aber dennoch eine statt-liche Länge von bis zu 1,50 m erreichen. Weil diese Art selten höher als 1 m wird, wirkt sie mehr breit als hoch. Wenn sie mehrere Stämme ausbil-det, sollten die neuen Triebe ausgebrochen werden.
**Standort:** Hell. West- oder Südfenster. Gedeiht im Zimmer auch an einem weniger hellen Platz, wenn sie im Sommer nach drau-ßen gebracht wird.
**Temperatur:** *P. canariensis* und *P. dactylifera lieben es* im Sommer warm und

sonnig, im Winter dage-gen hell und kühl (5°C). *P. roebelenii* ganzjährig warm, im Winter nicht unter 5°C.
**Luftfeuchtigkeit:** Wichtig für *P. roebelenii.*
**Substrat:** Blumenerde mit je $1/3$ Lehm und Sand, bei *P. roebelenii* Heideerde untermischen. Verträgt Hydrokultur.
**Gießen:** Nicht austrock-nen lassen, aber Staunässe unbedingt vermeiden.
**Düngen:** Alle 2 bis 3 Wochen im Sommer. Im Winter im geheizten Raum alle 6 bis 8 Wochen. Im kühlen Winterquartier nicht düngen.
**Umtopfen:** Bei Bedarf. Extra hohe Palmentöpfe verwenden.

**Vermehren:** Durch Samen.
**Anfällig:** Spinnmilben bei zu trockener Luft.
**Wichtig:** Die Dattelpalme mag im Sommer im Freien durchaus in der prallen Sonne stehen. Gewöhnen Sie die *Phoenix* aber lang-sam an die Sonne im Freien – sonst geht sie ein.

**Mein Tip:** Gönnen Sie dieser Palme, sowohl im Haus als auch draußen, hin und wieder eine Dusche.

*Nur scheinbar unscheinbar: Die Kanonierblume.*

*Bunter Pfeffer am Fenster: Piper crocatum.*

## Pilea
**Kanonierblume**

**Familie:** *Urticaceae*
(Nesselgewächse).
**Heimat:** Tropen.
**Aussehen:** Ihren Namen hat die Kanonierblume vom Blütenstaub, der wie eine kleine Wolke herausgeschleudert wird. Besonders beliebt sind Pileen als Unterpflanzung unter andere Grünpflanzen.
*P. cadierei* ist am leichtesten zu kultivieren, sie hat etwas blasige Blätter und entlang der Adern weiße Flecken. *P. spruceana* ist eine kriechende Art mit silber- und bronzefarbenen Blättern. *P. crassifolia* hat runzlige, grün-rot gemusterte Blätter.
**Standort:** Hell, nicht sonnig.
**Temperatur:** Sehr warm. *P. cadierei* verträgt es kühler, die anderen Arten nicht unter 5°C.
**Luftfeuchtigkeit:** Hoch.
**Substrat:** Blumenerde. Hydrokultur.
**Gießen:** Feucht halten.
**Düngen:** Alle 4 Wochen.
**Umtopfen:** Jedes Jahr.
**Vermehren:** Stecklinge bei hohen Temperaturen.
**Wichtig:** Pileen verkahlen schnell von unten, deshalb immer rechtzeitig für Nachwuchs sorgen.

## Piper
**Pfeffer**

**Familie:** *Piperaceae*
(Pfeffergewächse).
**Aussehen:** Die lebhaft gemusterten, herzförmigen Blätter der »bunten« Pfeffersorten *P. crocatum* und *P. ornatum* sind dekorativer als die einfarbigen von *P. nigrum,* dafür ist dieser schwarze Pfeffer weniger empfindlich. Schöne Ampel- und Kletterpflanze.
**Standort:** Sehr hell, aber nicht der prallen Sonne aussetzen.
*P. nigrum* gedeiht auch an schattigen Plätzen.
**Temperatur:** 8 bis 23°C, im Winter nicht unter 10°C.
**Luftfeuchtigkeit:** Mindestens 60%, *P. nigrum* verträgt auch trockene Luft.
**Substrat:** Blumenerde, Kompost und Gartenerde. Hydrokultur.
**Gießen:** Mit enthärtetem Wasser, nicht austrocknen lassen.
**Düngen:** Im Sommer alle 2 Wochen.
**Umtopfen:** Jedes Frühjahr.
**Vermehren:** Durch Kopf- oder Triebstecklinge bei hoher Bodenwärme.
**Wichtig:** Die Überwinterung gelingt am besten in einem temperierten Gewächshaus.

*Möchte immer warm stehen: Die Pisonie.*

*Pittosporum wird zum dekorativen Zimmerbaum.*

## Pisonia
**Pisonie**

**Familie:** *Nyctaginaceae* (Wunderblumen-gewächse).
**Heimat:** Australien, Südsee.
**Aussehen:** Der schön verzweigte Strauch mit den weißbunten Blättern wird im Zimmer nur etwa 1,20 m hoch, wobei die Blätter bei älteren Exemplaren durchaus 40 cm lang werden können.
**Standort:** Hell, keine direkte Sonne.
**Temperatur:** Warm, auch im Winter nicht unter 15°C.

**Luftfeuchtigkeit:** Liebt trockene Luft.
**Substrat:** Blumenerde. Sehr gut für Hydrokultur.
**Gießen:** Nur mäßig feucht halten.
**Düngen:** Im Sommer alle 2, im Winter alle 6 Wochen.
**Umtopfen:** Bei Bedarf.
**Vermehren:** Kopfstecklinge bei hoher Temperatur.
**Anfällig:** Schild- und Blattläuse.
**Wichtig:** Wird die Pflanze unansehnlich, kann man sie bis ins Holz hinein zurückschneiden, sie treibt dann wieder aus.

**Mein Tip:** Auf Fliesenböden unbedingt Holzbrett unter den Topf stellen (»Fußwärmer«).

## Pittosporum
**Klebsame**

**Familie:** *Pittosporaceae* (Klebsamengewächse).
**Heimat:** Asien, Afrika, Neuseeland.
**Aussehen:** Der »Zimmerbaum« wird bis zu 2 m hoch. Die bekannteste Art ist *P. tobira*. Die glänzenden, ledrigen Blätter sind am oberen Ende rundlich und laufen zum Stiel hin spitz zu. Es gibt eine weißgrün panaschierte Sorte, *P. tobira 'Variegatum'*.
**Standort:** Hell mit einigen Stunden Sonne.
**Temperatur:** Zimmertemperatur, im Winter um 10°C.

**Luftfeuchtigkeit:** Spielt keine Rolle.
**Substrat:** Blumenerde.
**Gießen:** Im Sommer reichlich, im Winter nur feucht halten.
**Düngen:** Im Sommer alle 2 Wochen.
**Umtopfen:** Jedes Jahr in einen größeren Topf.
**Vermehren:** Kopfstecklinge.
**Wichtig:** Jungpflanzen öfter stutzen, damit die Pflanze eine schöne Form bekommt.

**Mein Tip:** Stellen Sie Ihren *Pittosporum* im Sommer ins Freie an einen sonnigen Platz.

*Noch nicht sehr bekannt: Platycerium angolense.*

*Eine der dankbarsten Ampelpflanzen: Mottenkönig.*

## Platycerium
**Geweihfarn**

**Familie:** *Polypodiaceae* (Tüpfelfarngewächse).
**Heimat:** Australien, Polynesien.
**Aussehen:** Diese interessante Pflanze bildet an der Basis Nischenblätter, mit denen sie sich an der Unterlage festhält und Nahrung aufnimmt. Die oberen Blätter sehen bei *P. bifurcatum* wie ein Elchgeweih aus, bei *P. angolense* becken sie die Nischenblätter. Diese werden braun und sterben ab, darüber bilden sich immer neue grüne Blätter. Einfach zu halten ist *P. bifurcatum* mit bis zu 90 cm langen Blättern.
**Standort:** Halbschatten.
**Temperatur:** Sehr warm, nicht unter 15°C.
**Luftfeuchtigkeit:** Etwa 50 bis 60%.
**Substrat:** Wächst am besten auf einem Stamm.
**Gießen:** Wöchentlich 30 Minuten in ein Wasserbad.
**Düngen:** Alle 3 Wochen mit halber Konzentration.
**Umtopfen:** Alle 2 Jahre, Jungpflanzen öfter.
**Vermehren:** Durch Nebenpflänzchen.
**Anfällig:** Schildläuse.
**Wichtig:** Verträgt keine Pflanzenschutzmittel.

**Mein Tip:** Geben Sie den Dünger ins Tauchbad!

## Plectranthus
**Harfenstrauch,**
Mottenkönig

**Familie:** *Labiatae* (Lippenblütler).
**Heimat:** Tropen.
**Aussehen:** Von der beliebten Ampelpflanze sind vor allem vier Arten verbreitet: *P. fruticosus*, Mottenkönig, hat herzförmige Blätter, die einen sehr intensiven, kampferartigen Geruch verbreiten. *P. oertendahlii* besitzt fast runde, hellgrüne Blätter mit weißen Adern und roten Rändern. *P. parviflorus* hat dunkelgrüne, ovale Blätter und *P. coleoides* 'Marginatus' grüne Blätter mit breitem, weißem Rand.
**Standort:** Hell, sogar sonnig.
**Temperatur:** Nicht über 20°C.
**Luftfeuchtigkeit:** Nur in zu warmen Räumen hoch.
**Substrat:** Blumenerde.
**Gießen:** Das Substrat muß immer naß sein.
**Düngen:** Jede Woche während der Wachstumszeit. Im Winter alle 4 Wochen.
**Umtopfen:** Lieber junge Pflanzen heranziehen.
**Vermehren:** Kopfstecklinge.
**Wichtig:** Wenn man die Triebspitzen regelmäßig abschneidet, wächst die Pflanze buschiger.

*Nie austrocknen lassen: Zierlicher Zimmerbambus.*

*Auffällige Blätter: Polyscias balfouriana.*

## Pogonatherum
**Zimmerbambus**

**Familie:** *Gramineae* (Gräser).
**Heimat:** Asien.
**Aussehen:** Das zierlich überhängende Gras mit den zarten hellgrünen Blättchen treibt, je älter es wird, höhere Halme – bis zu 60 cm. Im Handel sind ausschließlich Jungpflanzen mit höchstens 30 cm langen Halmen. Weil diese Pflanzen oft nicht viele Halme haben, sieht es besser aus, wenn man von vornherein 3 Jungpflanzen in einen großen Topf setzt.

**Standort:** Hell, verträgt auch Sonne.
**Temperatur:** Warm, nicht unter 10°C.
**Luftfeuchtigkeit:** Verträgt auch trockene Luft.
**Substrat:** Blumenerde.
**Gießen:** Mag ein ständiges »Fußbad«.
**Düngen:** Alle 3 Wochen.
**Umtopfen:** Jedes Jahr.
**Vermehren:** Teilung.
**Wichtig:** Pflanze kann im Sommer ins Freie an einen halbschattigen Platz. Sie wächst auch gut im Sumpfbereich eines Gartenteiches.

**Mein Tip:** Lassen Sie den Zimmerbambus nie austrocknen, er erholt sich dann nicht mehr.

## Polyscias
**Fiederaralie**

**Familie:** *Araliaceae* (Araliengewächse).
**Heimat:** Tropisches Asien, Polynesien.
**Aussehen:** Diese dekorativen Pflanzen können recht hoch werden, im großen Topf bis zu 2 m. *P. filicifolia, P. fruticosa* und *P. guilfoylei* haben unregelmäßig gefiederte oder zumindest stark eingeschnittene, glänzend grüne Blätter. Bei *P. balfouriana* sind sie fast rund, kaum gezähnt und bei einigen Sorten hell gerändert oder gelb-grün panaschiert.

**Standort:** Hell bis schattig, keine Sonne.
**Temperatur:** Sehr warm, nicht unter 18°C.
**Luftfeuchtigkeit:** Hoch. Täglich sprühen.
**Substrat:** Blumenerde. Hydrokultur.
**Gießen:** Nur feucht halten, verträgt keine nassen Füße.
**Düngen:** Alle 2, im Winter alle 6 Wochen.
**Umtopfen:** Alle 2 Jahre.
**Vermehren:** Stecklinge bei hohen Bodentemperaturen.
**Anfällig:** Blattläuse, Spinnmilben.

**Mein Tip:** Bunte Sorten sind empfindlicher als grüne.

*Grüne Wedel, schwarzer Stiel: Pteris cretica.*

*Pteris ensiformis bleibt klein.*

## Pteris
**Saumfarn**

**Familie:** *Acrostichaceae*
**Heimat:** Tropen.
**Aussehen:** Farne mit kurzen, unterirdischen Rhizomen, aus denen die Wedel büschelartig entspringen. Sie wachsen zunächst aufrecht und neigen sich dann mit den Spitzen nach unten. Zu dieser Gattung, von der es in Tropen und Subtropen etwa 250 Arten gibt, gehören einige unserer bekanntesten Zimmerfarne. Alle sind sogenannte Erdfarne, was bedeutet, daß man sie im Topf halten kann. Einige Arten haben zweierlei Wedel: sterile kurze und längere fruchtbare, an deren Unterseite die Sporenkapseln sitzen. Arten mit nur einer Wedelform bilden entweder fruchtbare oder unfruchtbare Wedel aus.
**Arten und Sorten:** *P. cretica* mit nur einer Wedelart. 2 bis 6 Wedel sitzen hier an einem schwarzen Stiel. *P. cretica* wurde 1802 aus England eingeführt und ist sehr veränderlich. Darum gibt es auch viele Sorten, zum Beispiel die weißbunte *'Albo-Lineata'* oder *'Roweri'* mit gekräuselten Blättern. Bei *P. ensiformis*, die aus den Tropen Asiens und Australiens stammt, ist die reine Art kaum in Kultur, wohl aber die Sorte *'Evergemiensis'* mit weiß gebänderten Wedeln. Oder *'Victoriae'*, die ähnlich aussieht. Beide sind herrliche Kleinfarne für Schalen und Flaschengärten. Wenn allerdings die langen, fruchtbaren, sporentragenden Wedel erscheinen, büßen sie an Schönheit ein. Bis 1 m hoch wird *P. tremula* aus Neuseeland, die sich in geräumigen, warmen Wintergärten gut halten läßt.
**Standort:** Halbschattig bis schattig. Ost- oder Nordfenster.
**Temperatur:** *P. ensiformis* und *P. tremula* nicht unter 18°C, *P. cretica* bis 10°C.
**Luftfeuchtigkeit:** Hoch.
**Substrat:** TKS I; Blumenerde mit Laubkompost.
**Gießen:** Feucht halten.
**Düngen:** Im Sommer alle 2 Wochen mit halber Konzentration.
**Umtopfen:** Jährlich.
**Vermehren:** Durch Sporen oder Teilung.
**Wichtig:** Ältere, unansehnliche Wedel regelmäßig abschneiden. Meist entwickeln sich bald junge Wedel an den Vegetationspunkten des Rhizoms.

**Mein Tip:** Die Pflanzen bilden so zahlreich Sporen aus, daß sich oft in den Töpfen benachbarter Pflanzen »Jungvolk« ansiedelt. Pikieren Sie diese Winzlinge in ganz kleine Töpfe!

*Die Pflanze nur für Nichtraucher: Radermachera.*

*Rhapis gedeiht auch an weniger hellen Plätzen.*

## Radermachera
**Radermachera**

**Familie:** *Bignoniaceae* (Bignoniengewächse).
**Heimat:** China.
**Aussehen:** Der dichte, dekorative Busch mit den glänzend birkengrünen, doppelt gefiederten Blättern hat als »neue Zimmerpflanze« schnell viele Freunde gewonnen. Die Pflanze kann in einem großen Topf bis zu 1,50 m hoch und recht breit werden.
**Standort:** Hell bis halbschattig.
**Temperatur:** Im Sommer Zimmertemperatur, im Winter bei 15°C.

**Luftfeuchtigkeit:** Verträgt Zimmerluft, bei sehr trokkener Luft sprühen.
**Substrat:** Blumenerde. Hydrokultur.
**Gießen:** Nur alle 3 bis 4 Tage.
**Düngen:** Im Sommer alle 3 Wochen, im Winter alle 2 Monate.
**Umtopfen:** Jungpflanzen jedes Jahr, ältere Pflanzen bei Bedarf.
**Vermehren:** Samen oder Stecklinge.
**Wichtig:** Die *Radermachera* liebt frische Luft, im Sommer ins Freie, im Winter gut lüften.

**Mein Tip:** Die *Radermachera* ist eine Pflanze für Nichtraucher. Wenn geraucht wird, wirft sie die Blätter ab.

## Rhapis
**Steckenpalme,**
Rutenpalme

**Familie:** *Palmae* (Palmen).
**Heimat:** China, Japan.
**Aussehen:** Diese Palmenart gedeiht auch an weniger hellen Plätzen und wird bis zu 1,50 m hoch. An langen Stielen sitzen bei *R. excelsa* und *R. humilis* (die kaum zu unterscheiden sind) 3 bis 10 Fächerstrahlen.
**Standort:** Hell bis schattig, im Winter auch sonnig.
**Temperatur:** Zimmertemperatur; im Winter um 10°C.

**Luftfeuchtigkeit:** Spielt keine Rolle.
**Substrat:** Blumenerde mit $1/4$ Lehm.
**Gießen:** Im Sommer reichlich, im Winter bei kühlem Stand sparsam.
**Düngen:** Im Sommer alle 2 Wochen, im Winter bei kühlem Quartier nicht düngen.
**Umtopfen:** Alle 2 Jahre.
**Vermehren:** Samen, Wurzelschößlinge.
**Wichtig:** *Rhapis* mögen im Sommer einen schattigen Platz im Freien.

*Radermachera.* ▷
*Mit ihren birkengrünen Blättern wirkt sie auch als große Pflanze zierlich und filigran.*

*Sehr dekoratives Blatt: Rhoeo 'Variegata'.*

*Die Sansevieria, eine Grünpflanze, die jeder kennt.*

## Rhoeo
**Rhoeo**

**Familie:** *Commelinaceae* (Commelinengewächse).
**Heimat:** Tropisches Mittelamerika.
**Aussehen:** In einer lockeren Rosette wachsen aufrecht bis zu 30 cm lange, 5 bis 7 cm breite, lanzettliche Blätter, die an der Oberseite grün, an der Unterseite rot sind. Die Sorte *'Variegata'* (auch als *'Vittata'* im Handel) hat dazu noch gelbe Längsstreifen, die an einem sehr hellen Platz rosa werden.
**Standort:** Hell, an einem dunklen Platz verblaßt die Farbe. Vor Sonne schützen.
**Temperatur:** Zimmertemperatur, nicht unter 18°C. Kalte Füße vermeiden.
**Luftfeuchtigkeit:** 50%.
**Substrat:** Blumenerde. Hydrokultur.
**Gießen:** Nur feucht halten.
**Düngen:** Im Sommer jede, im Winter alle 4 Wochen.
**Umtopfen:** Jedes Jahr.
**Vermehren:** Seitensprosse, Samen.
**Wichtig:** Eine gute Drainage im Topf ist sehr wichtig. *Rhoeo* verträgt keine Staunässe.

**Mein Tip:** Hydropflanzen mit warmem Wasser gießen!

## Sansevieria
**Bogenhanf**

**Familie:** *Agavaceae* (Agavengewächse).
**Heimat:** Afrika, Asien.
**Aussehen:** Am bekanntesten ist *S. trifasciata* mit bis 60 cm langen, quergebänderten Blättern. Die Sorte *'Laurentii'* hat gelbe Randstreifen. Hübsch sind auch die rosettenförmigen kleineren Sorten mit breiteren Blättern, z. B. *S. t. 'Golden Hahnii'* und *'Silver Hahnii'*.
**Standort:** Jeder Platz, außer in praller Sonne.
**Temperatur:** Zimmertemperatur, nicht unter 10°C.
**Luftfeuchtigkeit:** Spielt keine Rolle.
**Substrat:** Blumenerde.
**Gießen:** Nur feucht halten.
**Düngen:** Alle 3 Wochen mit Blumen- oder Kakteendünger.
**Umtopfen:** Jedes Jahr.
**Vermehren:** Teilen, Nebentriebe oder Blattstecklinge.
**Wichtig:** Der Topf muß groß sein, weil sich viele dicke Rhizome bilden, die einen kleinen Topf sprengen.

**Mein Tip:** Die Pflanze kann man fast nirgends kaufen, weil sie so leicht zu vermehren ist. Lassen Sie sich einen Nebentrieb schenken!

*Saxifraga*
**Steinbrech,** Judenbart

**Familie:** *Saxifragaceae* (Steinbrechgewächse).
**Heimat:** China, Japan.
**Aussehen:** Der hängende Steinbrech *(S. stolonifera)* ist eine der beliebtesten Ampelpflanzen. Die runden oder nierenförmigen Blätter sind an der Unterseite rot, die Oberseite ist grün und behaart. Die Blattstengel wachsen aus einer Rosette. Schnell bildet die Pflanze bis zu 50 cm lange, fadenförmige Triebe, an deren Enden winzige Pflänzchen (Kindel) hängen. Im Sommer können sich Blütenrispen bilden.
**Standort:** Hell bis halbschattig.
**Temperatur:** Im Sommer Zimmertemperatur, im Winter genügen 5°C .
**Luftfeuchtigkeit:** Spielt keine Rolle.
**Substrat:** Je $1/2$ Blumenerde und Sand.
**Gießen:** Lieber trocken als zu naß halten.
**Düngen:** Im Sommer jede Woche, im Winter nicht.
**Umtopfen:** Jedes Jahr.
**Vermehren:** Kindel.
**Anfällig:** Wurzelfäule bei Staunässe.
**Wichtig:** Im Sommer möglichst ins Freie stellen.

**Mein Tip:** Die bunte Sorte 'Tricolor' ist für ganzjährigen Zimmeraufenthalt geeignet.

*Der Judenbart (Saxifraga stolonifera) gehört zu den schönsten Ampelpflanzen.*

## Schefflera
### Schefflera

**Familie:** *Araliaceae* (Araliengewächse).
**Heimat:** China, Japan.
**Aussehen:** Dekorative, stattliche und pflegeleichte Pflanzen mit handförmigen Blättern. Arten: *Sch. actinophylla* und *Sch. arboricola*. Beide *Schefflera*-Arten werden auch als *Brassaia* oder *Heptapleurum* angeboten.
**Standort:** Hell bis halbschattig, keine Sonne.
**Temperatur:** Tags warm, nachts kühler. Im Winter um 10°C.
**Luftfeuchtigkeit:** Je höher, desto besser (etwa 60%). Täglich sprühen.
**Substrat:** Blumenerde. Große Pflanzen auch in Hydrokultur.
**Gießen:** Nur feucht halten. Nasses Substrat führt zu Wurzelfäule.
**Düngen:** Im Sommer alle 2 Wochen; im Winter, wenn die Pflanze kühl steht, alle 6 Wochen.
**Umtopfen:** Jüngere Pflanzen jedes Jahr, ältere bei Bedarf.
**Vermehren:** Samen, Abmoosen, Stecklinge.
**Anfällig:** Blattläuse.
**Wichtig:** Wenn die Schefflera größer wird, einzelne Triebe an Bambusstäben aufbinden oder Neutriebe entspitzen, damit die Pflanze buschiger wird.
**Warnung:** Kann haut- und schleimhautreizende Stoffe enthalten.

*Wächst schnell und ist pflegeleicht: Die dekorative Schefflera.*

Der »Stamm« ist aus Pappe: Simse.

Empfindlich, aber bildschön: Sedum morganianum.

## Scirpus
**Simse,** Frauenhaar

**Familie:** *Cyperaceae* (Riedgräser).
**Heimat:** Tropen und Subtropen.
**Aussehen:** Die filigrane Zimmerpflanze gilt als Ampelpflanze, was sie eigentlich nicht ist. An ihrem natürlichen Standort wächst sie wie Gras in kompakten Büscheln. Sobald die Simse bei weniger Licht gehalten wird, strecken sich die Halme und hängen über. Zu jeder Zeit können sich an den Spitzen der dünnen, runden Halme winzige Blütenähren bilden.
**Standort:** Hell bis halbschattig, keine Sonne.
**Temperatur:** Zimmertemperatur, nicht unter 10°C.
**Luftfeuchtigkeit:** Spielt keine große Rolle.
**Substrat:** Blumenerde mit $^1/_4$ Sandanteil.
**Gießen:** Nie austrocknen lassen, in einen wassergefüllten Untersetzer stellen.
**Düngen:** Im Sommer alle 4, im Winter alle 8 Wochen.
**Umtopfen:** Jedes Jahr, dabei teilen.
**Vermehren:** Teilung.
**Anfällig:** Blattläuse.
**Wichtig:** Verträgt keine Pflanzenschutzmittel.

**Mein Tip:** Braucht ab Oktober Winterruhe in einem kühlen Raum.

## Sedum
**Fetthenne**

**Familie:** *Crassulaceae* (Dickblattgewächse).
**Heimat:** Mexiko.
**Aussehen:** Eine ganze Reihe von *Sedum*-Arten werden als Zimmerpflanzen geschätzt. *S. sieboldii* mit dicken, rosa-grünen Blättern ist eine Ampelpflanze. *S. morganianum* hängt ebenfalls über, sie hat wie Schuppen angeordnete, graubereifte Blätter an bis zu 1 m langen Trieben. Diese Blätter fallen allerdings bei der leichtesten Berührung ab. Die Blätter von *S. rubrotinctum* färben sich in warmer, trockener Zimmerluft rötlich.
**Standort:** Hell, sonnig.
**Temperatur:** Zimmertemperatur, im Winter 5 bis 12°C.
**Luftfeuchtigkeit:** Vertragen trockene Luft.
**Substrat:** Kakteenerde.
**Gießen:** Nur feucht halten.
**Düngen:** Im Sommer alle 4 Wochen mit Kakteendünger.
**Umtopfen:** Bei Bedarf.
**Vermehren:** Kopfstecklinge.
**Wichtig:** *S. sieboldii* muß bei unter 5°C überwintern, damit sie im nächsten Jahr neu austreibt.

**Mein Tip:** Zu starkes Düngen bewirkt blasse Farben.

*Wird in der Sonne tiefrot: Das Rotblatt.*

*Mag auch das Nordfenster: Bubiköpfchen.*

## Setcreasea
### Rotblatt

**Familie:** *Commelinaceae* (Commelinengewächse).
**Heimat:** Mexiko.
**Aussehen:** Blätter und Triebe des Rotblatts sind dunkelviolett und mit zartem Flaum bedeckt. An einem dunklen Platz werden sie dunkelgrün. Im Sommer erscheinen oft in den Blattachseln lavendelfarbige, winzige Blüten. Das Rotblatt wirkt am besten als Ampelpflanze.
**Standort:** Hell. Im Sommer am besten ins Freie an einen halbschattigen Platz.

**Temperatur:** Zimmertemperatur, verträgt bis 5°C.
**Luftfeuchtigkeit:** Unempfindlich gegen trockene Zimmerluft.
**Substrat:** Blumenerde.
**Gießen:** Substrat gerade feucht halten.
**Düngen:** Alle 4 Wochen.
**Umtopfen:** Alle 6 Monate in einen größeren Topf.
**Vermehren:** Kopfstecklinge.
**Wichtig:** Triebe, die geblüht haben, abschneiden. Nicht sprühen. Schimmelgefahr.

**Mein Tip:** Setzen Sie das Rotblatt mit weißbunten Tradeskantien in eine Ampel – sehr apart.

## Soleirolia
### Bubiköpfchen

**Familie:** *Urticaceae* (Nesselgewächse).
**Heimat:** Mittelmeerraum.
**Aussehen:** Die winzigen hellgrünen Blättchen an dünnen, zähen Trieben formieren sich im Topf schnell zu einer rundlichen, hübschen Pflanze. In der freien Natur ist das Bubiköpfchen ein Bodendecker.
**Standort:** Hell bis halbschattig.
**Temperatur:** Nicht über 20°C, verträgt bis 5°C.
**Luftfeuchtigkeit:** Anspruchslos.

**Substrat:** Blumenerde.
**Gießen:** In warmen Räumen feucht halten, in kühlen weniger gießen.
**Düngen:** Im Sommer alle 4 Wochen, im Winter nicht.
**Umtopfen:** Bei Bedarf, lieber Jungpflanzen ziehen.
**Vermehren:** Teilen oder Stecklinge.
**Wichtig:** Der Bubikopf sollte immer wieder von den Seiten her zurückgeschnitten werden, sonst verkahlt er innen.

**Mein Tip:** Das Vermehren ist langwierig – neue Pflanzen sind recht preiswert!

*Nicht einfach zu halten: Die beliebte Zimmerlinde.*

*Die Hüllblätter von Spathiphyllum können vergrünen.*

## Sparmannia
**Zimmerlinde**

**Familie:** *Tiliaceae*
(Lindengewächse).
**Heimat:** Südafrika.
**Aussehen:** Die großen, beidseitig behaarten, hellgrünen Blätter hängen an langen Stielen. Manchmal bilden sich im Winter weiße Blütendolden.
**Standort:** Sehr hell.
**Temperatur:** Im Sommer so kühl wie möglich, im Winter um 10 bis 15°C.
**Luftfeuchtigkeit:** Keine Ansprüche.
**Substrat:** Blumenerde. Hydrokultur möglich.
**Gießen:** Substrat immer feucht halten. Staunässe vermeiden.
**Düngen:** Während der Hauptwachstumszeit im Sommer 1- bis 2mal in der Woche, im Winter alle 6 bis 8 Wochen.
**Umtopfen:** Jungpflanzen jedes Jahr in einen größeren Topf, ältere Pflanzen nach Bedarf.
**Vermehren:** Durch krautige Stecklinge im Sommer.
**Anfällig:** Blattläuse.
**Wichtig:** Die Zimmerlinde wirft bei zu dunklem Standort und auch bei zu geringer Düngung die Blätter ab. Man kann sie dann im zeitigen Frühjahr bis ins gesunde Holz zurückschneiden, aber nur alle 3 bis 4 Jahre.

## Spathiphyllum
**Einblatt,** Blattfahne

**Familie:** *Araceae*
(Aronstabgewächse).
**Heimat:** Tropen.
**Aussehen:** Die glänzenden dunkelgrünen Blätter wachsen in Büscheln an langen Stielen aus einem kaum sichtbaren Stamm. Weil die Pflanze bis zu 1 m hoch werden kann, gehört sie zu den besonders dekorativen Grünpflanzen. Im Frühjahr erscheint auf einem langen Stiel ein weißer Blütenkolben in einem cremefarbenen Hüllblatt. Es wird nach etwa 1 Woche hellgrün.
**Standort:** Halbschattig bis schattig.
**Temperatur:** Zimmertemperatur, nie unter 15°C.
**Luftfeuchtigkeit:** Spielt keine Rolle.
**Substrat:** Blumenerde. Hydrokultur.
**Gießen:** Sparsam, aber nicht austrocknen lassen.
**Düngen:** Im Sommer alle 2, im Winter alle 4 Wochen.
**Umtopfen:** Alle 2 bis 3 Jahre.
**Vermehren:** Teilen.
**Wichtig:** Beim Teilen Wurzeln nicht beschädigen!

**Mein Tip:** Geteilte Pflanzen 3 Monate nicht düngen.

**Warnung:** Enthält haut- und schleimhautreizende Stoffe.

*Stenotaphrum, ein Gras, das als Ampelpflanze wächst.*

*Sehr dekorativ: Stromanthe amabilis.*

## Stenotaphrum
**St. Augustine-Gras**

**Familie:** *Gramineae* (Gräser).
**Aussehen:** Das tropische Gras bildet lange Triebe mit kurzen Zweigen aus, an denen hellgrün-creme-gestreifte Blätter sitzen. Die Triebe, die in der Natur am Boden kriechen, hängen über den Rand des Topfes, das *Stenotaphrum* ist deshalb eine gute Ampelpflanze.
**Standort:** Sehr hell, auch vollsonnig.
**Temperatur:** Nicht wärmer als 22°C, im Winter kühler, nicht unter 10°C.

**Luftfeuchtigkeit:** Verträgt keine zu trockene Luft.
**Substrat:** Blumenerde.
**Gießen:** Nie ganz austrocknen lassen, Staunässe vermeiden.
**Düngen:** Alle 3 Wochen, im Winter nur alle 8 Wochen.
**Umtopfen:** Jedes Frühjahr.
**Vermehren:** Durch Triebstücke, sie wurzeln an den Knoten.
**Anfällig:** Rote Spinne, Blasenfuß.
**Wichtig:** Die Pflanze braucht einen recht breiten Topf. Damit sie buschig wächst, sollte sie beim Umtopfen kräftig zurückgeschnitten werden.

## Stromanthe

**Familie:** *Marantaceae* (Marantengewächse).
**Aussehen:** Wegen ihrer großen, glänzenden Blätter mit der dekorativen Hell-Dunkelgrün-Zeichnung ist *S. amabilis* besonders beliebt. Ihre ledrigen Blätter stehen an kurzen Stielen. Anders *S. sanguinea*, sie wird bis 1,50 m hoch, hat aber nicht so lebhaft gezeichnete Blätter.
**Standort:** Hell, aber keine volle Sonne, am besten im geschlossenen Blumenfester.
**Temperatur:** 20 bis 25°C, nie unter 18°C.

**Luftfeuchtigkeit:** Sehr hoch, mindestens 70%.
**Substrat:** Blumenerde, mit Sand oder Styromull gemischt. Hydrokultur.
**Gießen:** Nur mit enthärtetem Wasser gießen.
**Düngen:** Während der Wachstumszeit alle 2 Wochen.
**Umtopfen:** Jedes Frühjahr.
**Vermehren:** Durch Teilung.
**Wichtig:** Die *Stromanthe* muß hell stehen, sonst verliert sie ihre schöne Blattzeichnung.

*Die Purpurtute verändert im Alter die Blätter.*

*Nur für große Räume geeignet: Der Kastanienwein.*

## Syngonium
**Purpurtute**

**Familie:** *Araceae*
(Aronstabgewächse).
**Heimat:** Südamerika.
**Aussehen:** Die Purpurtute
hat in der Jugend völlig
andere Blätter als im Alter.
Sie sind pfeilförmig und
ungeteilt, ältere Pflanzen
haben geteilte oder ge-
lappte Blätter. Im Handel
sind von *S. podophyllum*
auch bunte Sorten, die
schlecht zu identifizieren
sind, weil es sich um Kreuzungen handelt. *Syngo-
nium* wird als Ampel-
pflanze gehalten oder an
einen Stab aufgebunden.

**Standort:** Hell bis halb-
schattig, keine Sonne.
**Temperatur:** Warm, nicht
unter 15°C.
**Luftfeuchtigkeit:** Hoch,
täglich sprühen.
**Substrat:** Blumenerde mit
etwas Torf. Hydrokultur.
**Gießen:** Mit entkalktem
Wasser und so, daß das
Substrat nie austrocknet.
**Düngen:** Alle 2 Wochen in
der Wachstumszeit.
**Umtopfen:** Nach Bedarf.
**Vermehren:** Kopfsteck-
linge.
**Wichtig:** Wächst in
großen, flachen Schalen
besser als in tiefen
Töpfen.
**Warnung:** Enthält haut-
und schleimhautreizende
Stoffe.

## Tetrastigma
**Kastanienwein**

**Familie:** *Vitaceae*
(Weingewächse).
**Heimat:** Australien, Ost-
asien.
**Aussehen:** Diese Kletterpflanze wächst unglaub-
lich schnell, in einem Jahr
kann sie bis zu 5 m lange
Ranken bilden. An stabilen
Trieben stehen jeweils 3
bis 5 große, glänzend
grüne Blätter. Mit spiralig
eingedrehten Ranken hält
sich der Kastanienwein an
allem fest, was für ihn
erreichbar ist.
**Standort:** Hell bis schattig,
nur in großen Räumen.

**Temperatur:** Zimmertemperatur, nicht unter 10°C.
**Luftfeuchtigkeit:** Verträgt
trockene Zimmerluft.
**Substrat:** Blumenerde.
**Gießen:** Feucht, aber nicht
naß halten.
**Düngen:** Während der
Wachstumszeit 2mal
wöchentlich.
**Umtopfen:** Jedes Jahr.
**Vermehren:** Stecklinge bei
sehr warmem Boden.
**Wichtig:** Kräftiger Rückschnitt im Herbst, sonst ist
die Pflanze nicht in Gren-
zen zu halten.

**Mein Tip:** Wenn Sie nicht
genügend Platz haben,
können Sie die Triebe auch
als Kreis ziehen. Aber
aufpassen: Die Jungtriebe
brechen leicht.

*Graue Tillandsien sind etwas für Kenner.*

*Trägt die Jungpflanzen auf dem Blatt: Tomiea.*

## Tillandsia
**Tillandsie**

**Familie:** *Bromeliaceae* (Ananasgewächse).
**Heimat:** Südamerika.
**Aussehen:** Tillandsien sind beliebte Sammelobjekte. Man unterscheidet grüne Tillandsien mit rosettenartig angeordneten Blättern und bunten Hochblättern und graue Tillandsien, die mit weißen Saugschuppen bedeckt sind.
**Standort:** Graue T. sonnig, im Sommer draußen, grüne im geschlossenen Blumenfenster.
**Temperatur:** Graue T. warm, aber sehr luftig.

Grüne T. nie unter 18°C.
**Luftfeuchtigkeit:** Hoch.
**Substrat:** Graue T. auf Aststücke binden. Grüne T. in Torfsubstrat.
**Gießen:** Graue T. täglich sprühen. Grüne T. immer feucht halten.
**Düngen:** Alle 4 Wochen Graue T. mit $1/4$ HydroDünger. Grüne T. mit $1/2$ Blumendünger sprühen.
**Umtopfen.** Grüne alle 2 Jahre.
**Vermehren:** Kindel.
**Wichtig:** Graue T. nehmen Wasser und Nahrung durch Saugschuppen auf.

**Mein Tip:** Kaufen Sie nur gezüchtete Tillandsien – aus der Natur entnommene fördern das Aussterben dieser Pflanzengattung.

## Tolmiea
**Henne mit Küken**

**Familie:** *Saxifragaceae* (Steinbrechgewächse).
**Heimat:** Nordamerika.
**Aussehen:** Ihren deutschen Namen bekam diese Zimmerpflanze, weil sich auf den großen, herzförmigen, zart behaarten Blättern winzige Jungpflanzen bilden. Sie sitzen in der Blattscheide zwischen Blatt und Stiel.
**Standort:** Hell bis schattig, keine Sonne.
**Temperatur:** Zimmertemperatur, im Winter kühl, nicht wärmer als 12°C.

**Luftfeuchtigkeit:** Spielt keine Rolle.
**Substrat:** Blumenerde.
**Gießen:** Im Sommer täglich, im Winter nur feucht halten.
**Düngen:** Im Sommer alle 2 Wochen.
**Umtopfen:** Alle 6 Monate, ältere Pflanzen durch Jungpflanzen ersetzen.
**Vermehren:** Durch »Küken«, die mit dem Mutterblatt eingesetzt werden.
**Wichtig:** Braucht viel frische Luft – im Sommer ins Freie an einen Schattenplatz.

**Mein Tip:** Kaufen kann man die Pflanze eher in einer Staudengärtnerei als im Blumenladen.

## Tradescantia
**Dreimasterblume,**
Tradeskantie

**Familie:** *Commelinaceae* (Commelinengewächse).
**Heimat:** Südamerika.
**Aussehen:** Kaum eine Blattpflanze ist leichter zu halten als die *Tradescantia*, sie gedeiht auch in einem Glas Wasser. Von der hübschen Ampelpflanze gibt es viele Varietäten. Die bekanntesten: *T. albiflora 'Alba-vittata'* mit weißgestreiften, *T. a. 'Aurea'* mit fast gelben Blättern. *T. blossfeldiana* mit langen, fleischigen Blättern, die an der Unterseite rot sind. Die Sorte *T. b. 'Variegata'* hat teils grüne, teils cremefarbene Blätter, die am Licht rosa werden.
**Standort:** So hell wie möglich, vor Sonne schützen.
**Temperatur:** Zimmertemperatur.
**Luftfeuchtigkeit:** Verträgt trockene Zimmerluft.
**Substrat:** Blumenerde. Hydrokultur.
**Gießen:** Feucht halten.
**Düngen:** Alle 4 Wochen, im Winter aussetzen.
**Umtopfen:** Lieber jedes Jahr neue Pflanzen ziehen.
**Vermehren:** Stecklinge.
**Wichtig:** Regelmäßig entspitzen, dann wächst sie buschiger.

**Mein Tip:** Im Sommerquartier im Freien vor Schnecken schützen.

*Tradeskantien gibt es in vielen Farbvarietäten.*

*Muß im Sommer ins Freie: Yucca aloifolia.*

*Dankbar und pflegeleicht: Zebrina pendula.*

## Yucca
**Palmlilie**

**Familie:** *Agavaceae* (Agavengewächse).
**Heimat:** Mexiko, Nordamerika.
**Aussehen:** Meist hat die *Y. aloifolia* an einem geraden Stamm oder 2 Blattschöpfe mit harten, langen, schwertförmigen Blättern. *Y. elephantipes* hat einen unten knollig verdickten Stamm, an dem mehrere Schöpfe mit bis zu 1 m langen Blättern stehen. *Y. gloriosa* ist kleiner als ihre Artgenossen und hat graugrüne, schmale Blätter (blüht schön).

**Standort:** Sehr hell, im Winter sonnig.
**Temperatur:** Ganzjährig Zimmertemperatur. Kann kühl überwintern.
**Luftfeuchtigkeit:** Verträgt trockene Zimmerluft.
**Substrat:** Blumenerde mit je 1/4 Lehm und Sand. Hydrokultur.
**Gießen:** Öfter, aber nie durchdringend gießen. Am kühlen Standort nur alle 4 Wochen.
**Düngen:** Im Sommer alle 3 Wochen.
**Umtopfen:** Bei Bedarf.
**Vermehren:** Seitentriebe oder Stammstücke bei hoher Bodentemperatur.
**Wichtig:** Stellen Sie Ihre Yucca den Sommer über ins Freie!

## Zebrina
**Zebrakraut**

**Familie:** *Commelinaceae* (Commelinengewächse).
**Heimat:** Mittelamerika.
**Aussehen:** Die ebenso dekorative wie pflegeleichte Ampelpflanze wächst schnell heran. Die länglichen Blätter haben 2 silbrige Längsstreifen und eine purpurfarbene Unterseite. *Z. pendula* '*Discolor*' hat noch einen dunklen Mittelstreifen, *Z. purpusii* bräunliche Blätter ohne Silberstreifen, *Z. pendula* '*Quadricolor*' Streifen in Rosa, Creme und Silbrig.

**Standort:** Hell. An dunklem Standort verblassen die Farben.
**Temperatur:** Warm.
**Luftfeuchtigkeit:** Verträgt trockene Zimmerluft.
**Substrat:** Blumenerde.
**Gießen:** Schönere Farben bei etwas trockenem Substrat.
**Düngen:** Im Sommer alle 2 Wochen.
**Umtopfen:** Bei Bedarf, lieber jedes Jahr Jungpflanzen ziehen.
**Vermehren:** Stecklinge.
**Wichtig:** Die Pflanze regelmäßig entspitzen, damit sie buschig wächst.

**Mein Tip:** Dekorativ sind Zebrinen mit verschiedenen Blattfarben an einem Spalier.

# Sachregister

Die **halbfett** gesetzten Seitenzahlen verweisen auf Farbfotos und Farbzeichnungen. U = Umschlagseite.

# Sachregister

## Bücher und Zeitschriften, die weiterhelfen

### Bücher

Falls einige der genannten Bücher im Handel nicht mehr erhältlich sind, finden Sie sie in der Regel in Bibliotheken.

Amberger-Ochsenbauer, Susanne: *Zimmerfarne.* Gräfe und Unzer Verlag, München
Becherer, Franz.: *Kakteen.* Gräfe und Unzer Verlag, München
Brookes, John: *Das grüne Haus.* Christian-Verlag GmbH, München
Eberts, Wolfgang: *Bambus in Haus und Garten.* Gräfe und Unzer Verlag, München
Fischer, Jutta: *Kamelien.* Gräfe und Unzer Verlag, München
Greiner, Karin/Weber, Angelika: *Pflanzen für den Wintergarten.* Gräfe und Unzer Verlag, München
Hanselmann, Edwin: *Hydrokultur.* Ulmer-Verlag, Stuttgart
Heitz, Halina: *Blütenpflanzen fürs Zimmer.* Gräfe und Unzer Verlag, München
Heitz, Halina: *Orchideen.* Gräfe und Unzer Verlag, München
Heitz, Halina: *Palmen.* Gräfe und Unzer Verlag, München
Heitz, Halina: *Großer GU Pflanzen-Ratgeber Zimmerpflanzen.* Gräfe und Unzer Verlag, München
Herwig, Rob: *Pareys Zimmerpflanzen Enzyklopädie.* Parey Verlagsbuchhandlung, Berlin
Keil, Gisela: *Gießen, Düngen, Umtopfen.* Gräfe und Unzer Verlag, München
Markmann, Erika: *Zimmerpflanzen-Pflege.* Gräfe und Unzer Verlag, München
Pfisterer, Jochen: *Zimmer-Bonsai.* Gräfe und Unzer Verlag, München
Stelzer, Gottfried: *Gesunde Zimmerpflanzen.* Falken-Verlag GmbH, Niedernhausen

### Zeitschriften

*FLORA.* Gruner + Jahr AG & Co, Postfach 11 00 11, 20444 Hamburg
*Kraut & Rüben*, BLV Verlagsgesellschaft mbH, Lothstraße 29, 80797 München
*mein schöner Garten.* Verlag Burda GmbH, Hauptstraße 130, 77652 Offenburg

### Wichtige Hinweise

In diesem Buch geht es um die Pflege von Blattpflanzen im Haus. Einige der beschriebenen Pflanzen sind mehr oder weniger giftig. Im Beschreibungsteil (Seite 50 bis 106) wird unter dem Stichwort »Warnung« auf die spezifische Gefährdung für die Gesundheit hingewiesen. Tödlich giftige Pflanzen oder minder giftige, die bei geschwächten Erwachsenen oder Kindern erhebliche gesundheitliche Störungen hervorrufen können, sind mit einem Totenkopf gekennzeichnet. Achten Sie unbedingt darauf, daß Kinder und Haustiere die mit dem Stichwort »Warnung« und dem Totenkopf gekennzeichneten Pflanzen nicht essen. Einige Pflanzen sondern hautreizende Stoffe ab, auch darauf wird bei den jeweiligen Pflanzen hingewiesen. Wer an Kontaktallergien leidet, sollte bei der Berührung dieser Pflanzen unbedingt Handschuhe anziehen.

*Nachsatz:*
*Die Calathea Insignis wird auch*
*klapperschlangenpflanze genannt*
*– ihr vorne dunkelgrün betupftes,*
*hinten in edlem Bordeaux gehal-*
*tenes Laub spricht für sich selbst.*

**Die Fotografen:**
Becker: Seite 5, 10, 26: Burda/mein
schöner Garten: Seite 13, 32, 85 l.;
Eisenbeiss: Seite U3, 3 u., 16, 48/49;
Heitz: Seite 24; Riedmiller: Seite 22
Nr. 3, 73, 80 l., 87, 88, 94;
Scheffer: Seite 100 l.; Stork: Seite U1,
U2, U4, 7, 8, 15, 21, 24o.; Strauß:
Seite 51, 63, 64 l., 78 l., 95, 98, 104 r.,
105; Wetterwald: alle übrigen.

© 1989 Gräfe und Unzer Verlag
GmbH, München
Alle Rechte vorbehalten. Nachdruck,
auch auszugsweise, sowie Verbreitung
durch Film, Funk und Fernsehen,
durch fotomechanische Wieder-
gabe, Tonträger und Datenver-
arbeitungssysteme jeder Art nur
mit schriftlicher Genehmigung des
Verlages.

Lektorat: Elke Angres
Herstellung: Johannes Schmidt-Thomé
Umschlaggestaltung:
Heinz Kraxenberger
Satz: Fotosatz Servise GmbH
Repro: Eschig

Printed in Tschechien
ISBN 3-7742-1344-5

| Auflage | 5. | 4. | 3. | 2. | 1. |
|---------|----|----|----|----|----|
| Jahr    | 03 | 02 | 01 | 00 | 99 |